Dr. Patrick Blättler-Monnier
& Katrien Lismont

Schmerzen und Verhalten

Zusammenhänge beim Hund verstehen

Konrad-Zuse-Straße 3 • D-54552 Nerdlen/Daun
Telefon: 06592 957389-0
www.kynos-verlag.de

Gedruckt in Lettland

ISBN 978-3-95464-312-7

Bildnachweis:

Blättler-Monnier, Dr. Patrick:	S. 12, 13, 15, 70, 89, 106, 107, 108, 123, 160, 161, 162, 193, 210 oben
Daguati, Melanie:	S. 24, 39 oben, 204
Lismont, Katrien:	S. 6, 9, 21, 28, 33, 36, 39 unten, 40, 42, 44, 47, 49, 50, 51, 53, 54, 61, 62, 128, 129, 130, 131, 132, 133, 134, 138, 140, 142, 143, 144, 165, 166, 167, 168, 169, 171, 175, 199, 200, 202, 205, 207, 209
Mpaltsidis, Daphne:	S. 210 unten
Titelfoto:	DoraZett/stock.adobe.com, kintarapong/stock.adobe.com
Alle Grafiken:	Kynos Verlag nach Vorlagen von Dr. Blättler-Monnier (außer: S. 50: Katrien Lismont, S. 75: Dr. Blättler-Monnier, SciePro/stock.adobe.com)

KYNOS STIFTUNG

Mit dem Kauf dieses Buches unterstützen Sie die Kynos Stiftung
Hunde helfen Menschen. www.kynos-stiftung.de

Inhaltsverzeichnis

Videos

Zu den einzelnen Videos gelangen Sie direkt über die QR-Codes im Text.
Alternativ können Sie diesen Link eingeben:
https://www.hundebuchshop.com/nextshopcms/Videolinks-Schmerzen-und-Verhalten.htm

Einleitung

von Katrien Lismont

Schmerz ist einer der häufigsten Antreiber von kompliziertem und belastendem Hundeverhalten. Das konnte ich in meiner fast zwanzigjährigen Erfahrung im Verhaltenstraining beobachten. Ich musste im Laufe der Zeit einen Weg finden, diesen so wichtigen und beherrschenden Aspekt zu bearbeiten, denn ohne Behandlung oder Linderung gab es in vielen Fällen nur wenig oder gar keinen Fortschritt. Leider ist Schmerz auch der Faktor, der am meisten verkannt und missverstanden ist. Es ist keine einfache Angelegenheit, mit Hundehaltern über die Schmerzen ihres Hundes zu sprechen. Vor allem nicht, wenn man nicht die erste Anlaufstelle für die Verhaltensprobleme des Hundes ist und vorher noch niemand darauf hingewiesen hat, dass das Verhalten dieses Hundes schwer trainierbar ist, weil die Ursache nicht beseitigt wurde. Auch und gerade dann, wenn der Hund womöglich bereits vollständig und / oder von mehreren und unterschiedlichen Therapeuten untersucht wurde und alle Diagnosen ohne Befund waren, hat man als Verhaltenstrainer einen schweren Stand, wenn man es als dringend erachtet, diesen Hund noch einmal medizinisch begutachten zu lassen. Oftmals fehlt in der Allgemeinpraxis die Zeit für eine eingehende Untersuchung inklusive Gangbild, Palpation und Anamnese, und leider ist es noch oft so, dass, wenn der Hund nicht hinkt oder jammert, nicht auf Schmerzen geschlossen wird.

Persönlich denke ich, dass niemand absichtlich seinem Hund und dem Patienten medizinische Sorgen vorenthält, aber sicher ist, dass durch die fast unendliche Individualität der Konstellation von Mensch und Hund eine Vielzahl an Gründen dafür bestehen, dies nicht als Priorität zu betrachten und das Heil im Training zu suchen.

Warum ist das Thema so heikel?

Es kann die eigene Angst vor der medizinischen Welt sein, fehlende Erfahrung mit Schmerzen, eine langwierige und emotional belastende und kostspielige Historie mit einem vorhergehenden älteren Haustier oder gar einem sehr kranken Menschen im familialen Umfeld. Es kann die Angst vor den Kosten sein, die Angst vor einer schweren Diagnose, die fehlende Zeit, sich darum zu kümmern oder schlicht und ergreifend der fehlende Glaube daran, dass Hunde ihre Schmerzen so dermaßen anders zeigen, als wir das von uns und unseren Mitmenschen kennen. Hunde sind in der Lage, massive Schmerzen zu ertragen, ohne die Funktion einzustellen, sie fangen jedoch an, sich anders zu verhalten. Deshalb ist es so unverständlich, dass das Wesen, mit dem wir unter einem Dach leben, schmerzgeplagt sein kann. Es ist ganz oft auch ein Gefühl von Versagen, als bester Freund nicht wahrgenommen zu haben, dass das Tier im Stillen leidet. Aber Hunde sind nun mal Meister im Verbergen von Schmerzen.

Darum und aus noch vielen anderen Gründen mehr ist es nicht direkt ein einfaches Thema, über das wir dieses Buch erschaffen. Selbstverständlich ist das Ziel des Buchs, dass mehr Hundeprofis für dieses Thema sensibilisiert werden. Hier werden Sie erfahren, wie viele unterschiedliche Verhaltensweisen auf Schmerzen hinweisen können – Verhaltensweisen, die so typisch für die sogenannten aktiven, hyperaktiven, gestressten oder auch komplett entspannt erscheinenden Hunde sein können. Viele dieser Hunde bringen sich selbst durch ihr Verhalten in die Probleme, und das ergibt wiederum Konsequenzen: neue und leider manchmal härtere Trainingsmethoden, gar kein Training mehr oder gar sehr viel Training. Besonders dann, wenn der Hund sehr aktiv ist, werden Möglichkeiten gesucht, ihn mehr auszupowern, meistens körperlich. Dadurch wird gerade der Körper wieder übermäßig belastet, wodurch der Hund noch mehr ventilierendes Verhalten zeigt. Die Spirale ist manchmal endlos und kann viel Kummer hervorbringen, bei Mensch und Hund. Konsequenzen folgen auf Konsequenzen.

Es ist meine persönliche Erfahrung, dass es keine gute Idee ist, sich nur auf Training am störenden Verhalten zu konzentrieren. Denn das Training gestaltet sich so zäh und schwer, dass die schmerzbetroffenen Hunde irgendwann entweder abhaken oder dagegenhalten. Das bedeutet: das Verhalten wird womöglich belastender, obwohl man sehr viel Zeit und Aufwand in das Training davon gesteckt hat. Es kann fatal werden: entweder für einen anderen Hund, für eine Person oder für den aggressiven Hund selbst. Auf dem Weg dahin sind viele emotionale Momente und Gedanken der Verzweiflung und Ermüdung gewesen, häufige Trainerwechsel, häufige Therapeutenwechsel, eine wachsende Bereitschaft zu übergriffigen oder rangordnungsbetonten Lösungen, kurzum ein großer emotionaler, zeitlicher und finanzieller Aufwand mit wenig positivem Resultat und viel Überforderung. Auf der anderen Seite wird nicht selten durch das schonende und stressreduzierende Vorgehen der Alltag (ich nenne es auch das Universum) des Hundes und sein menschliches Umfeld so klein und eingeschränkt, dass sowohl Mensch wie Hund zu kurz kommen, körperlich, emotional und mental. In seltenen Fällen wird auch über eine endgültige Lösung nachgedacht, sei es, dass man sich vom Hund trennt oder ihn erlösen lässt.

Gerade, wenn man von Training spricht: allein der Gedanke, das schwierige Hundeverhalten resultiert aus Schmerzen, lässt einen zusammenzucken, wenn man sieht, wie oft auf schmerzzufügende und einschüchternde Trainingsmethoden zurückgegriffen wird, weil es der Hund sonst nicht versteht. Und genau so ist es: der Hund verhält sich „daneben", weil er im Moment keine andere Möglichkeit hat.

Schorsch und Carolin sind nach längerem Training, das keinen sichtbaren Erfolg brachte, dem Schmerz auf dem Grund gegangen. Das war der Wendepunkt.

Viele tolle Träume vom Leben mit Hund lassen sich verhaltensbedingt nicht erfüllen und das bedeutet viele Enttäuschungen, Frustrierungen und Unzufriedenheit … mit dem Hund. Der Hund wird zur Last, zum Problempaket. Er muss doch nur funktionieren. Und es wird weitergesucht: eben neue und andere Trainingsmethoden, Blutbilder müssen her (was ja nicht falsch ist), Hormone werden hoch und runter beeinflusst und oft genug wird zu Psychopharmaka gegriffen. Das Resultat: es hilft alles ein bisschen. Aber wirklich nur teilweise. Der Hund wird zu einem wandernden Experiment, jede neue Maßnahme schafft ein bisschen Hoffnung, aber auf Dauer war es doch kein Durchbruch. Der kürzeste, der wohltuendste Weg, nämlich den Hund auf Schmerzen prüfen zu lassen und ihn davon zu befreien, wird nicht oder selten genommen. Manchmal wird dieser schon gewählt und strandet leider bei einer ungenauen Diagnose oder einer ineffizienten Behandlung. Das konnte es also auch nicht gewesen sein.

Man gewöhnt sich als Trainerin daran, diesen Werdegang zu erfahren und nicht emotional zu werden, und ich denke, mein Co-Autor wird als Tiermediziner die gleichen Erfahrungen machen.

Aber derjenige, um den es hier in diesem Buch geht, dürfen wir nicht vergessen. Wie geht es dem Hund? Was kann er dafür? Wir können wir ihm schnell und effektiv und vor allem nachhaltig helfen?

Dieses Buch soll Ihnen dabei helfen, sowohl als Mediziner, Therapeut, Hundetrainer oder sonstiger Hundeprofi und natürlich auch als Hundehalter ein Auge zu entwickeln für die Schmerzsignale und die -zustände Ihres Tieres. Diese sind nämlich vielfältig und setzen sich zusammen aus einer Mosaik von Haltungen und Schonhaltungen im Liegen, Sitzen und Schlafen und von Gangbildern, die zeigen, dass bestimmte Körperteile nicht belastet oder überbelastet werden, von äußerlichen Merkmalen, Fellmustern und von Verhaltensweisen. Wenn der Hund lahmt oder aufschreit, ist der Schmerz bereits untragbar, bis dahin toleriert er ihn im Stillen. Ebenfalls deutet subtiles bis deutliches Meideverhalten und auch großes heftiges und störendes Verhalten selbstverständlich auch auf die Existenz von Schmerzen oder Angst vor Schmerzen hin. Was Sie sehen können und was Sie nicht sehen, aber dennoch beobachten können, das möchten wir Ihnen zeigen.

Das Buch soll ebenfalls mehrere Möglichkeiten aufzeigen, wie Sie vorgehen und was Sie veranlassen und auch selbst zu Hause machen können. Schmerz ist nicht gleich Schmerz. Deswegen ist es ein Segen, dass Dr. Patrick Blättler-Monnier sich bereit erklärt hat, dieses Buch mitzuschreiben.

Wichtig ist: die Schmerzdiagnose ist ein wichtiger und unabdingbarer Schritt, aber sie ist nur der Beginn der Reise. Je eher sie beginnt, desto besser für die Entwicklung des Verhaltens. Je länger der Hund sein ventilierendes Verhalten nutzen musste, desto tiefer prägt es sich und desto häufiger und genereller wird er darauf zurückgreifen.

Es geschieht so viel Schönes, wenn der Hundehalter nachvollziehen kann, dass das Verhalten seines Hundes aufgrund einer Schmerzthematik entwickelt wurde. Die Frustration, der Zorn, der Unmut und die Ungeduld schwinden wie Schnee vor der Sonne, wenn der schmerzbefreite Hund wie ein Zauberlehrling auf das positive und selbstwirksame Training reagiert, denn jetzt kann sein Hirn für anderes als für eine der vier F's eingesetzt werden. (Fight, Flight, Freeze, Fiddle, übersetzt: Aggression, Flucht / Angst, Einfrieren / keine Bewegung oder Herumkaspern). Jetzt kann der Hund er selbst sein, ohne Angst und Einschränkungen.

Eine weitere gute Nachricht: Manche, ja viele Schmerzzustände sind mit Schmerzmanagement recht gut zu beseitigen oder zu bewältigen. Andere Schmerzen werden einen immer begleiten, aber sind beeinflussbar. Der Ansatz ist unterschiedlich und dafür gibt es einerseits Spezialisten und Therapeuten, andererseits ist es die Aufgabe des Hundehalters, permanent ein Auge darauf zu halten und einzugreifen, wenn es notwendig wird.

Mit diesem Buch wollten wir jedem, der mit Hunden lebt und zu tun hat, die Angst nehmen, sich mit dem Thema Schmerzen auseinanderzusetzen. Wir schreiben tatsächlich das Jahr 2023 und wir haben glücklicherweise so viele gute multidisziplinäre Möglichkeiten zur Hand. Sicherlich ist der Weg hiermit nicht zu Ende und das Thema nicht ausgeschöpft, denn kein Fall ist wie ein anderer. Dennoch denke ich, dass für die Hundeszene die Zeit richtig ist, diesbezüglich einen passenden Impuls herauszutragen, sodass dieses Thema irgendwann im Hundeverhaltenstraining nicht mehr wegzudenken ist. Das ist mein Traum.

Katrien Lismont

Ein Wort zuvor

Von Dr. Patrick Blättler-Monnier

Um diese einleitenden Worte meiner Co-Autorin zu untermalen und zu betonen, einerseits wie sehr der Hund ein stiller Leider ist, wie komplex und doch subtil die Zeichen sein können und andererseits, dass je nach Schmerzprozess Reaktionen im Verhalten stattfinden können, sei es einerseits über die Aggression, andererseits Angstverhalten oder drittens Leistungsabfall oder andere, so möchte ich dies anschaulich im folgenden Videobeispiel aufzeigen:

Fall Kyano

In dieser Videosequenz sehen Sie einen 15 Monate alten Rottweiler, der seit gut 8–12 Wochen einen Leistungsabfall zeigt, weniger aktiv zum Teil ein Meideverhalten zeigt, allgemein weniger freudig ist und vor allem weniger auf Spielaufforderungen eingehen kann.

In der Bewegung sehen Sie von hinten, dass die rechte Beckengliedmaße etwas instabil erscheint, es ist eine Art Wegknicken zu erkennen, Aber auch eine kreisförmige Bewegung der rechten Beckengliedmaße, man sieht eine ganz leichte Hangbeinlahmheit. Der ganze Prozess in dieser Bewegung ist wirklich sehr milde. In der Vorhand läuft der Hund relativ gleichmäßig, er „schubt" auch zum Teil aus der Vorhand, das bedeutet, er macht zum Teil eine gezogene Bewegung, ein sogenannten Pull-Move. Alles in allem läuft dieser Hund aber verhältnismäßig gleichmäßig. Für den nicht geübten Betrachter fällt die Problematik kaum auf. Vielen Hundeprofis und -behandlern sind diese Bewegungsmuster auch nicht auffällig oder erkennbar. Auf der nächsten Seite sehen Sie dann die Röntgenbilder der Hüfte. Und zwar gestreckt, gebogen – eine Distraktionstechnik, die die Lockerheit des Hüftgelenks aufzeigt sowie ein DAR, eine Projektion für das Dach des Hüftgelenks. Wenn Sie nun diese ansehen, werden Sie wahrscheinlich sehr erstaunt sein, dass der rechte Oberschenkel nicht mehr in der Hüftpfanne artikuliert, d.h. nicht mehr fest in ihr drinsitzt. Dass der Hund mit diesem radiologischen Befunden so gut läuft, liegt einerseits daran, dass er effektiv ein stiller Leider ist, also kaum seine Schmerzen zu Tage bringt, andererseits verfügt der Rottweiler über relativ eine starke Beckenmuskulatur, die dies zu einem Teil kompensieren kann. Es ist aber nachvollziehbar, dass das klinische Verhalten des Hundes und der radiologische Befund ganz klar kausal in einem Zusammenhang zu sehen sind.

Röntgenbilder der Hüfte des Rottweilers aus dem Videobeispiel

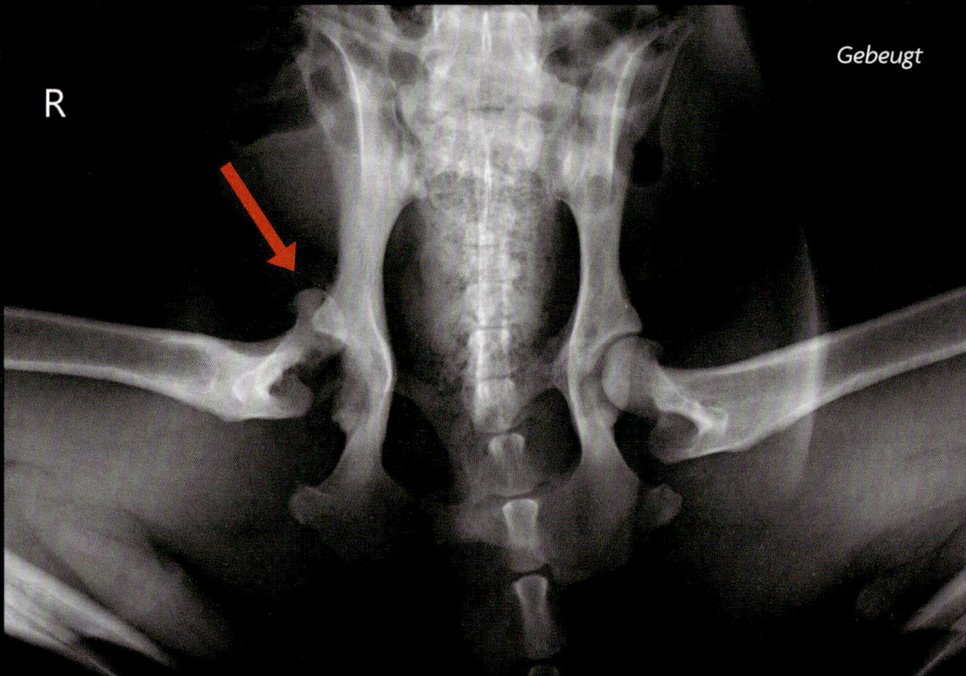

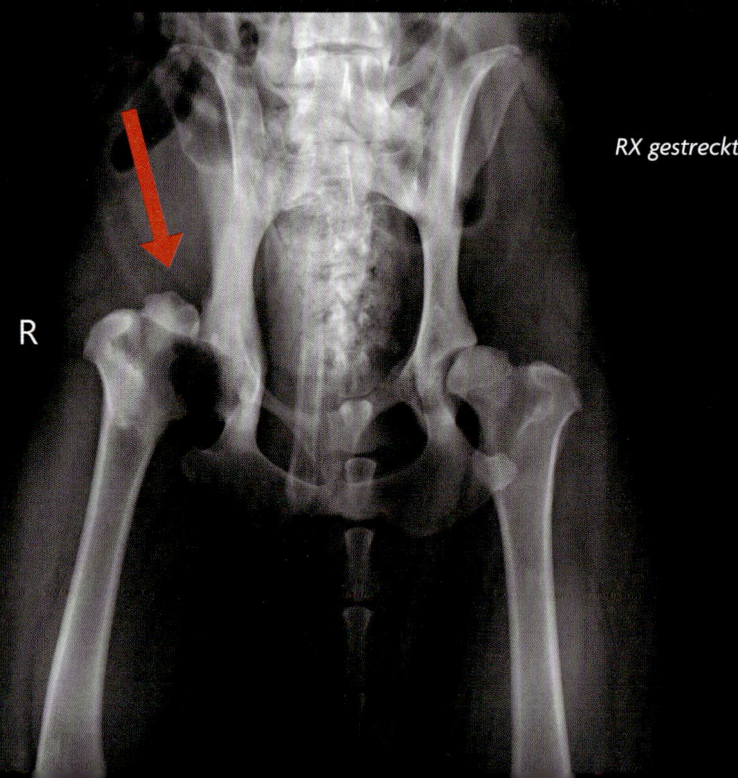

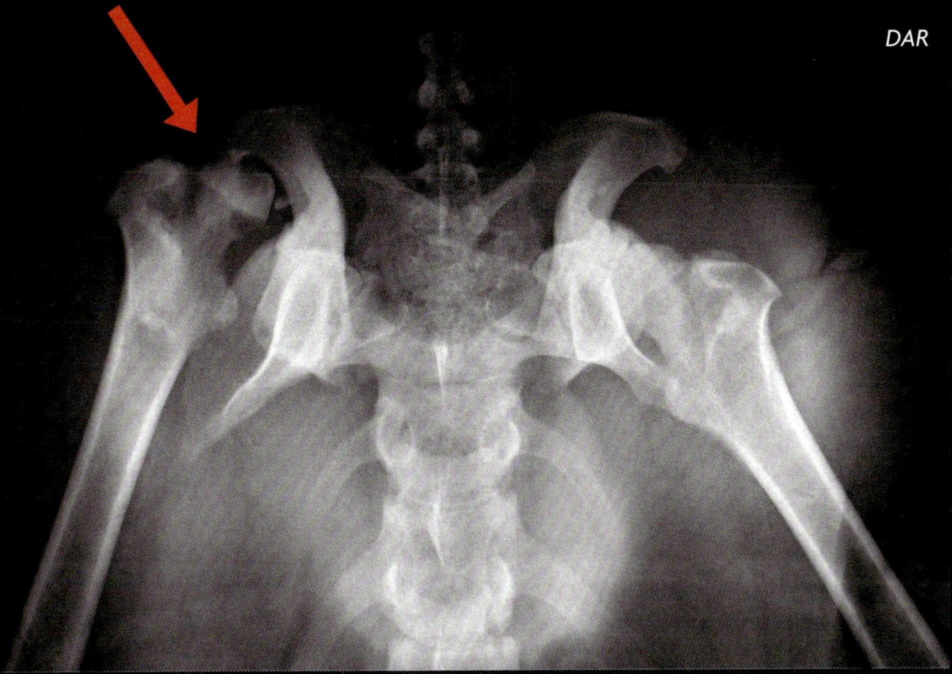
DAR

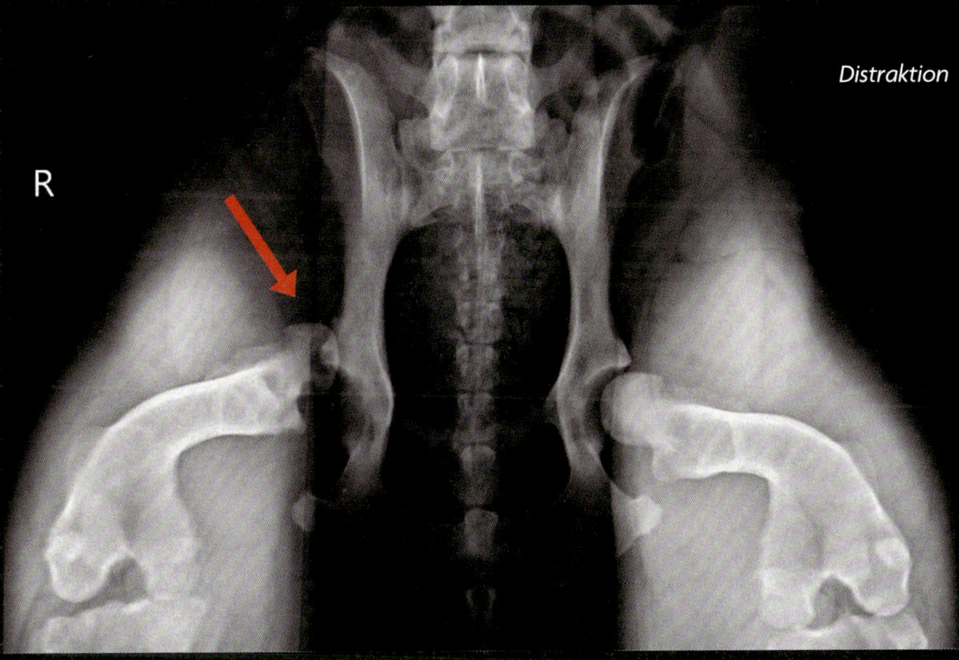
Distraktion
R

Es würde nicht erstaunen, wenn anhand dieser Symptome und dieser radiologischen Befunde der Hund auch ein anderes Verhalten zeigen würde, etwa ein aggressives Verhalten oder ein Schutzverhalten. Für viele Hunde ist Angriff die beste Verteidigung. Dieser Hund hat eine massive Beeinträchtigung seiner skelettalen Funktion. Dass er mit seiner genetischen Disposition keine aggressiven Zeichen zeigt, ist sehr erstaunlich und ist somit ein Zeichen für seine Ausgeglichenheit. Das zeigt aber auch, dass der Hund eine angemessene Sozialisierung, Prägung und Konditionierung beim Züchter und beim Hundehalter erfahren hat.

Diese Schmerz- oder Bewegungssequenzen aus dem Video mit dem Rottweiler sind auch beim Hund generell zu beobachten. Diese treten nach dem Aufstehen auf, sind meistens aber sehr schnell wieder weg. Darum ist auch für den Hundebesitzer nicht immer einfach zu erkennen, ob das jetzt einfach nur die Folge einer Fehl- oder Überbelastung ist oder effektiv wirklich ein Problem, eine Entzündung, orthopädische Erkrankung oder einfach nur einen Schmerzprozess darstellt. Andererseits können Schmerzen sich auch klinisch manifestieren, was sich durch einen reduzierten Appetit und eine gestörte Nahrungsaufnahme äußern kann. Weitere Symptome sind die Beeinträchtigung der allgemeinen Lebensqualität und Vitalität, vermehrtes Trinken aufgrund von entzündlichen Prozessen, die mit Hitzeentwicklung einhergehen und in diesem Kontext das Aufsuchen von kühlen Plätzen zum Liegen. Das kennen wir auch aus der Humanmedizin. Andererseits ist es auch möglich, dass die Schmerzen sich in der Atmung widerspiegeln, man beobachtet ein Husten oder Räuspern, vor allem bei Veränderungen in der Halswirbelsäule.

Der dritte Punkt, das Verhalten, wurde bereits in der Einleitung meiner Co-Autorin geschildert und ist auch für mich als Tiermediziner häufig ein deutlicher Anreiz für die Suche nach den physischen Ursachen der Schmerzzeichen.

Diese vier Reaktionen, vorher als die vier F's beschrieben, sind vom Mandelkern gesteuert und als Hauptmuster bei Schmerzen beim Hund zu sehen. Dabei sieht es für die meisten Hundehalter wie normales „aktives“ oder „nervöses“ Verhalten aus.

Den vierten Aspekt, die Hibbeligkeit, konnte ich in meiner Studie über das Wachstum der Welpen feststellen, die wir von 2019 – 2022 durchgeführt haben. Die meisten Hunde, die eine Hüftgelenkdysplasie am Ende dieser Studie bei der offiziellen Auswertung der Radiologie aufwiesen, waren auch im Wachstum eher sehr aktive bis hyperaktive und rastlose Hunde, die zum Teil für den Besitzer schwierig zu führen waren.

Genau dieser Zusammenhang zwischen Schmerz und Verhaltensauffälligkeiten ist der zentrale Punkt in diesem Buch. Eine kürzlich veröffentlichte Studie hat aufgezeigt, dass beim Mensch Veränderungen, Schläge und traumatische Ereignisse, die den Kopf betreffen, bedeutende Beeinträchtigungen verursachen können. Die Symptome können sehr vielfältig sein, wie Konzentrationsschwierigkeiten, Kopfschmerzen, Drehschwindel, um nur einige zu erwähnen, wie dies zum Beispiel bei einem Auffahrunfall, beim Joggen oder auch beim Sport passieren kann. Wenn die Wirbelsäule oder der Kopf auch nur leicht traumatisiert werden, hat dies Auswirkungen auf das Hirn, es entstehen Entzündungen, Schwellungen und Schmerzen beim Hirnstamm oder im Gehirn (ZNS).

Diese Entzündungs- und Schmerzprozesse und Schwellungen haben Auswirkungen auf die Funktion von Hirnstamm und Mittelhirn, aber auch die Großhirnrinde. Symptome können eine veränderte Bewegung sein, Sehstörungen mit verschwommenen Bildern und Sehvisus (Sehstärke), aber auch die Regulation von Neurokinen im Mittelhirn sowie Thalamusbereich sind zu beobachten. Diese Neurokine sind im Zusammenhang mit Entzündungen und Schmerzen und dessen Regulation zu verstehen. Die Folgen der Hirnerschütterung können somit auch auf das Verhalten des Menschen Einfluss nehmen, vor allem dann, wenn die Hirnerschütterung nicht erkannt wird und die Therapie auch nicht adäquat ausfällt. Die Folgen beim Menschen sind dann Depressionen und andere emotionale Beeinträchtigungen.

Wer Dio so rennen sieht, würde gerade in Anbetracht seiner Rasse nicht unbedingt darauf kommen, dass er erhebliche Schmerzen im Rücken hat.

Beim Welpen oder Junghund kann dies bereits eine Störung im Wachstum bedeuten. Dies werden wir Ihnen im Abschnitt zur Schilddrüse ab S. 156 näherbringen.

Dieses Thema – Einflüsse durch stumpfe Traumata auf Skelett und Kopf – berücksichtigen wir bei meinem Präventions- und Prophylaxe Programm LupoMove® Puppy, die Prävention und Prophylaxe des Welpen im Wachstum, weil dort ganz klar sämtliche Wachstumsfugen im Kopf noch offen sind und somit der Schutz bei Überschlägen oder Bodychecks im Spiel und Toben nur bedingt erfolgen kann.

Dies bedeutet weiter, dass die Problematik der Zusammenhänge zwischen Schmerz und Verhaltenssituationen bereits beim Welpen beginnen kann. Dieser Aspekt hat auch dann einen großen Zusammenhang mit der Prägung und der Konditionierung des Welpen, generell mit seiner Lernfähigkeit oder mit der intellektuellen Fähigkeit.

Zusammenfassend ist es wichtig zu erkennen, dass das Thema Schmerzen und Verhaltensveränderungen ein sehr komplexes ist. Wir müssen, um es seriös und professionell darzustellen, den Terminus technicus verwenden. Dadurch können einzelne Abschnitte schwieriger zu verstehen sein. Ich werde mich dennoch bemühen, diese Abschnitte so praktisch wie möglich zu erklären und mit Fallbeispielen aus der Praxis zu ergänzen, damit sie besser verständlich sind.

Dr. Patrick Blättler-Monnier

Fall Pepe

VIDEO

Pepe ist ein Hund mit gravierenden Problemen im Rücken und außerdem mit Kopfschmerzen. Er kommt so gut wie nicht mehr von der Leine wegen seiner mangelhaften Ansprechbarkeit draußen. Ein Rennflash ist nicht abnormal, aber für Pepe sicherlich schon erleichternd. Pepe würde nicht aufhören, wenn wir ihn nicht an die Leine nehmen würden.

1. Ganzheitliche Verhaltensanalyse

Eine eingehende Analyse

Wir starten in dieses Buch mit einem Kapitel über Verhaltensanalyse, da das Verhalten von all denen, die mit Hunden zusammenleben oder sie professionell begleiten, quasi an der Oberfläche wahrzunehmen ist.

Für die Verhaltensanalyse nutze ich einen Fragebogen, den ich aufgrund meiner Erfahrungen und Erlebnisse mit Hunden zusammengestellt habe und der gut zwölf Seiten lang ist. Ich vermute, dass die Kunden oftmals tief durchatmen müssen, wenn sie ihn anschauen, aber es war noch nie ein Problem, einen gut und authentisch ausgefüllten Fragenbogen zurückzuerhalten. Für viele Hundehalter und ihre Familie ist das der erste achtsame Moment, sich auf das Abenteuer mit mir vorzubereiten. Für das anschließende Gespräch, das ich zunehmend aufgrund der Stressfreiheit für alle Beteiligte per Zoom als Videokonferenz durchführe, brauche ich in der Regel mindestens anderthalb Stunden, jedoch meistens mehr als zwei Stunden. Vor diesem Gespräch studiere ich die Antworten im Fragebogen, damit ich während des Gesprächs nichts übersehe. Die Randnotizen führen sehr häufig dazu, dass sich die Punkte im weiteren Gespräch verbinden lassen. Nach diesem Gespräch habe ich aufgrund der Verhaltensbeschreibungen und -themen einen ziemlich guten Einblick. Dennoch ist es wichtig, immer wieder mit frischem Blick und ohne Voreingenommenheit ins praktische Training zu starten, denn die Wahrnehmungen der Hundehalter und meine eigenen sind nicht immer die gleichen. Von der ersten Lektüre des Fragebogens bis zum praktischen Training betrachte ich meine Arbeit als regelrechte Detektivarbeit und es ist meine Aufgabe, das, was ich lese und das, was ich am Hund beobachte, auf einen Nenner zu bringen. So bekommt unser Verhaltenspatient Hund die allerbesten Chancen.

Was ist Verhalten und wozu dient es?

Verhalten ist das Instrument eines Lebewesens in seiner Ganzheit, mit dem es auf die Geschehnisse und Reize in der Umwelt reagiert. Verhalten entsteht nie aus dem Nichts, sondern es gibt immer ein bestimmtes Muster, nach dem das Ereignen von Verhalten abläuft.

Verhalten zu verstehen ist nicht kompliziert, wenn man die Basisprinzipien berücksichtigt, und zwar immer, egal ob das Verhalten auffällig, weniger auffällig oder gar nicht auffällig ist. Manche Verhaltensweisen werden von uns noch nicht mal wahrgenommen, weil sie eher wie Zufall aussehen. Dennoch: Hunde machen nichts ohne Grund. Jedes Verhalten hat einen Sinn für sie, auch wenn wir den Sinn von manchen absurd scheinenden Aktivitäten nicht begreifen. Manchmal ist es vielleicht nicht sein erstes Mittel der Wahl, weil er eingeschränkte Möglichkeiten hat (Schmerzen, Leine, Enge), aber für ihn selbst hat es immer eine Funktion. So oft höre ich: „wir möchten, dass unser Hund lernt, andere Hunde zu ignorieren“. Da muss ich immer sehr vorsichtig eine Illusion löschen: Hunde ignorieren nicht, was in ihrem Umfeld passiert. Fühlen sie sich wohl und sicher, dann werden sie auf manche Reize kaum reagieren, obwohl man mit einem geübten Auge dennoch kleinere Reaktionen beobachten kann. Aber größere Reize wie andere Hunde oder donnernde Fahrzeuge können sie einfach nicht *nicht* beachten. Da geht es um das eigene Wohlbefinden, um die eigene Sicherheit über die Möglichkeiten, wie diese Begegnung für sie ausgehen wird. Wann ignorieren wir als Mensch auftauchende Reize in unserem Umfeld? Wenn sie für uns sehr gewohnt und harmlos sind, wenn wir in Gedanken versunken sind oder gerade aufs Handy schauen. Stimmt, oder?

Verhalten dient dazu, unsere Situation, unsere Befindlichkeiten zu beeinflussen. Wie Dr. Susan Friedman sagt: „Wir haben Augen, um zu sehen, Ohren, um zu hören und Beine, um zu laufen.“ Unser Verhalten dient uns als Betriebssystem, als ein Mittel, um unsere Umwelt mit eigenen Handlungen zu beeinflussen. Es gibt zwei mögliche Bestrebungen: entweder um erwünschte Ergebnisse zu erzielen oder um unangenehme Reize zu vermeiden. Es geht an erster Stelle ums Überleben, und wenn das gesichert ist, ums Gedeihen. Um zu verstehen, warum ein Hund etwas macht, sollte man die Einflüsse beobachten, die vor dem Verhalten vorhanden sind und ebenfalls auch alle Einflüsse, die durch das Verhalten verursacht werden. Wir sprechen respektive über die Antezedenzien und über die Konsequenzen.

Das bedeutet, beim Verhalten geht es immer um ein Bestreben, für sich einen besseren oder den bestmöglichen Zustand zu erreichen.

Vor dem Verhalten kommt der Antezedent und nach dem Verhalten kommt die Konsequenz dieses Verhaltens. Der Antezedent bestimmt, ob das Verhalten diesmal auftreten wird und die Konsequenz bestimmt, ob das Verhalten bei der nächsten Wiederholung dieses Antezedenten auftreten wird.

Die Rolle des Schmerzfaktors im Verhaltensmuster

Schmerz ist ein unangenehmer sensorischer Reiz, der den Hund davor warnt, dass seine Unversehrtheit gefährdet ist. Diese Wahrnehmung tritt Veränderungen in der Funktion und in den Abläufen seines Organismus los und beeinflusst ebenfalls das Verhalten. Diese Veränderungen haben die Aufgabe, den Schaden abzuwenden oder zu reduzieren, auch für künftige Vorkommnisse. Außerdem wird eine Erholung von dem Schaden angestrebt. Wenn der Schmerz akut auftritt, hat das Schmerzgefühl unmittelbar die Funktion, das Weiterleben zu sichern. Das nennt man eine adaptive oder angemessene Schmerzfunktion. Sie klingt wieder ab, wenn der Schmerzmoment vorbei ist. So dient der Schmerzreiz, der auftritt, wenn man eine heiße Herdplatte berührt, dazu, dass wir unsere Hand von der Herdplatte entfernen, damit der Schaden nicht größer wird.

Wenn der Schmerzreiz hingegen in Dauer oder Intensität unangemessen und nicht funktionabel ist und wenn die physiologische und Verhaltensveränderungen nicht wirken, dann sind dies maladaptive Schmerzreaktionen. Sie gehen mit chronischen oder lang andauernden Schmerzen einher. Der Körper kann die Schmerzreize nicht mehr abfangen und regulieren. Eine der primären Reaktionen des Organismus auf den chronischen Schmerzreiz ist die Angst. Der Körper möchte gegen diese Schmerzen und die Wiederholung davon geschützt werden. Hier geht es nicht mehr um das Überleben, sondern um das Abwehren, denn das Tier fühlt sich dauerhaft bedroht und kann die Aufmerksamkeit von den Schmerzen nicht mehr abwenden. Die Achtsamkeit für Gefahren wird geschärft, wodurch der Hund defensiver wird, und er wird jegliche Aktion einstellen oder vermeiden, die den Schmerzreiz auslösen könnte. Irgendwann beherrscht der stetige Schmerz das gesamte Verhalten. Er geht nicht mehr weg. Ich erkläre meinen Hundehaltern gern, dass das Nervensystem des Hundes dann permanent auf Überlebensmodus geschaltet ist.

Der Prozess verläuft schleichend, sodass wir als Mensch diese Veränderungen nicht unbedingt wahrnehmen, denn sie geschehen in kleinen und manchmal unauffälligen Etappen. Der Hund stellt eventuell erst einmal die eine oder andere Aktion ein, zum Beispiel das Spielen, das Liegen auf dem Rücken, das Springen aufs Sofa, er legt sich auf einer Distanz hin statt neben uns. Er geht die Treppen nicht mehr hoch oder runter, wenn es nicht ganz dringend oder wichtig ist, er schläft ab und zu nicht durch in der Nacht. Es ist sehr einfach zu sehen, dass wir das als Mensch wahrnehmen können unter dem Motto: „Nun ja, er ist nun kein Junghund mehr“, oder „Er mag lieber den kalten Boden“, oder „Er wird langsam erwachsen und braucht kein Spiel mehr“. Also ja. Auch in den eigenen vier Wänden geschehen eine Menge an Verhaltensveränderungen, aber sie sind tückisch und schleichend. Auch das Gangbild mag etwas abweichen, oder der Hund setzt sich nicht symmetrisch hin. Es geschieht einfach und wir hinterfragen es nicht, zumindest nicht immer sofort. Denn tatsächlich wird der Hund älter, aber auch ältere gesunde Hunde haben Freude am Spiel oder wollen aufs Sofa oder möchten lieber in der Nähe ihrer Menschen liegen. Irgendwann jedoch kann er die Geschehnisse des Alltags und seinen Schmerzzustand nicht mehr unauffällig unter einen Hut bekommen. Dann wird das Verhalten lauter und deutlicher, die Bewegungen dabei ausgeprägter und die Reaktionen kommen schneller und heftiger. Erst, wenn das Verhalten für seine Menschen belastend wird, wird er in der Verhaltenspraxis vorgestellt.

Wie bei uns Menschen entsteht Schmerz nicht nur im Alter. Auch Welpen und junge Hunde können von Schmerzen geplagt sein.
Diese Hündin kam ins Training, weil sie unberechenbar auf andere Hunde reagierte. Niemand fiel auf, dass sie sich ständig hinsetzte und hinlegte, statt stehen zu bleiben und wie schief sie saß.

Es gibt auch tatsächlich Hunde, die dabei still und unauffällig bleiben. Das sind die, die „damit zurechtkommen und schon älter, aber zufrieden scheinen". Sie sind wahrlich am meisten zu bedauern, denn sehr häufig halten sie durch, bis nichts mehr geht und jede Hilfe zu spät ist, weil die degenerativen Prozesse nicht mehr auszuhalten sind. Tatsächlich ist es so, dass chronische Schmerzen so viele Veränderungen in der Physiologie verursachen, dass die Hunde etwas „benebelt" oder dement erscheinen. Das sind Eindrücke, die über die ganze Dramatik der Schmerzen hinwegtäuschen können.

Eine weitere Eigenheit von chronischen Schmerzen ist das Phänomen der **Allodynie**. Dies bedeutet, dass das Nervensystem so dereguliert ist, dass eine Hypersensitivität entstehen kann. Dann fängt der Hund an, Reize, die eigentlich keine Schmerzen verursachen können, als Schmerzauslöser wahrzunehmen und zu fürchten. So gibt es viele Hunde, die große Probleme haben, wenn sie berührt werden, das geht vom Meideverhalten und fliehen bis zum Beißvorfall. Oder andere, die sich die Pfoten nicht putzen lassen können, mit dem Geschirr nicht normal laufen können und das Geschirr nicht angelegt haben wollen. Hunde, die auf Kälte und Wärme, Regentropfen, Schotter oder kitzliges Gras stark reagieren und dies als Schmerzgefühl wahrnehmen. Reize, die eigentlich keinen Schmerz verursachen können, werden vom Hund als schmerzhaft empfunden. Diese Hunde werden gern „Sensibelchen“ oder „Mimöschen“ genannt. Schauen Sie genauer hin: Gibt es weitere Anzeichen?

Und genau an diesem Punkt kreuzt sich das Schmerzthema mit reaktivem Verhalten. Wir wissen auf Dauer nicht, wie empfindlich die Hunde geworden sind, wie schmerzbelastet sie sind und wie wenig sie noch hinzunehmen können. Ist es die Spannung der Leine, das Anheben des Kopfes oder der Rute oder die Anspannung des gesamten Körpers, die den Hund letztendlich ausrasten lassen? Oder tickt er aus, weil er den Schmerz meiden will oder nicht weiß, wie er diese Situation mit seinem Körper bewältigen kann?

Es gibt viele Fragen, die unbeantwortet bleiben und es wird nicht besser, wenn man zuwartet, es verwächst sich nicht und es verschwindet auch nicht mit dem Alter. Es ist keine „Phase“.

Der erste Schritt ist die Diagnose und das Feststellen des Schmerzes. Und dann geht die Reise erst los. Bedenken Sie: Hunde leben in der Regel zwischen zehn und sechzehn Jahren, gern auch länger. Wenn sie ein Jahr mit Schmerzen leben, ist das etwa so, als würden wir sieben Jahre lang unbehandelt bleiben. Wenn sie drei Monate auf Hilfe warten, kommt dies ungefähr mit einer Leidenszeit von knapp zwei Jahren eines Menschenlebens überein. Sicherlich kann man auch hier anfangen, die Sache mit der Lebensdauer im Vergleich zum Menschenjahren genau auseinander zu dividieren. Das dient der Sache nicht, denn jeder Tag zählt. Ich habe persönlich aufgrund einer Borreliose ungefähr sechs Wochen unerträgliche Schmerzen ohne Aussicht auf Hilfe gehabt, denn kein herkömmliches Schmerzmittel konnte mir helfen. In der Praxis für Orthopädie bekam ich einen Termin in sechs Monaten. Das hat bei mir ein Gefühl von schierer Verzweiflung ausgelöst. In der Zeit habe ich sehr viel über unsere Hunde nachgedacht und mir einiges vorgenommen (Es hat sich zum Glück mithilfe einer netten Kundin anders lösen lassen).

Sie sollten also versuchen, das störende Verhalten Ihres Hundes fortan in einem anderen Licht zu sehen. Das Ausschließen, Beseitigen oder Reduzieren von Schmerzen ist der kürzeste Weg in der Verhaltensveränderung.

Wohlbefinden statt Schmerzen

Selbstverständlich können Schmerzen und Unwohlbefinden durch mehr Faktoren im Körper verursacht werden als nur durch muskuloskelettale Probleme.

Es gibt überdurchschnittlich viele Hunde, die von einer gestörten und schlecht funktionierenden Verdauung geplagt werden. Durchfälle, Magenkrämpfe, Blähungen sind erhebliche Störfaktoren. Diese Hunde werden entweder draußen oder drinnen Durchfall haben, eine unschöne Luft verursachen oder sich drinnen wie draußen, tags wie nachts, auf den Fliesen oder gern auch auf dem Teppich erbrechen müssen. Das fällt jedem Hundehalter auf, das möchte man schnell abstellen. Das Thema der Ernährung und Verhalten ist ein Buch für sich wert, aber wer sich bei einer geprüften Ernährungsberaterin Hilfe holt, wird schnell eine Besserung feststellen können. Je nachdem, was der Hund vorher als Futter bekam, kann das von der ersten guten Mahlzeit besser werden. Oftmals sind es nur Tage, bis Sie viele Verbesserungen beobachten können: weniger erregtes Verhalten, mehr Appetit, keine Durchfälle, weniger Trinken, kleinere Kotmengen, weniger Mund- und Körpergeruch, glänzendes Fell, strahlende Augen und Muskeln, die sich abzeichnen. Wer möchte das nicht?

Allergiker sind ebenfalls schwer belastet, vor allem, wenn sie viele Hautprobleme und Juckreiz haben. Es gibt in unserer heutigen Zeit so viele gute Lösungen für diese Probleme, dass man sie schnellstmöglich angehen sollte. Allergiker kratzen sich Tag wie Nacht. Auch dies stört und auch dies wird zeitnah beim Tierarzt angesprochen.

Alles in allem muss man aber sagen, dass Schmerzen im Bewegungsapparat am häufigsten in der Hundepopulation verbreitet sind, aber für unseren Blick am wenigsten auffällig sind. Warum das so ist, wird uns Dr. Blättler im Laufe des Buches erklären. Deshalb werden wir in diesem Buch weiterhin vor allem hierauf unser hauptsächliches Augenmerk richten.

Wie oft ich bereits hören durfte: „Wir haben einen anderen Hund", nachdem er erfolgreich diagnostiziert und behandelt wurde, egal wie groß oder gering der Trainingsaufwand war. Plötzlich sind die Früchte des Trainings, von dem wir schon dachten, dass sie im schwarzen Loch der nicht vorhandenen Ansprechbarkeit verschwunden waren, einfach wieder da. Der Hund ist kooperativ, interessiert, neugierig, beteiligt sich am Leben, statt sich durch die Gassirunde hindurchzuschnüffeln oder sich ins Bettchen zu verkrümeln. Der Hund kann wieder spielen, sein Gesicht ist entspannt, sein Körper verändert sich im positiven Sinne. Er sucht wieder Körpernähe, kommt mit dem Alltag besser klar. Viele Verhaltensthemen werden nun besser trainierbar und manchmal verschwinden sie einfach mit dem Schmerz.

Wir dürfen jedoch nicht vergessen, dass sich während der Schmerzphase viele Verhaltensweisen geprägt haben und sich trotz Trainings nicht auflösen wollten. Das wird jetzt besser klappen, denn nun kann das Training mit Freude und Erfolg stattfinden. Es gehen so viele Türen auf: das Universum wird wieder größer, für die ganze Familie. Auch hier bitte ich darum, dem Hund Zeit zu lassen, sich an ein Leben ohne Schmerzen zu gewöhnen.

Denken Sie vielleicht zurück an eine solche Periode in Ihrem Leben, in der Sie zum Beispiel nur eine Hand nutzen konnten. Was muss passieren, wie lange dauert es, bis Ihr Körper und Ihr Geist verstehen, dass alles wieder beidhändig funktioniert? Zum Glück ist unser Nervensystem dauerhaft in Lernbereitschaft. Das geht sowohl in die positive wie in die negative Richtung. Das bedeutet aber, dass unbedingt ein Impuls gesetzt werden muss, wenn sich etwas verändern muss, und danach kann der Organismus wieder umlernen. Dafür braucht er etwas Zeit und sollte man wissen, was genau man mit dem Hund tut und unternimmt.

Auch wird das Training nicht durch medizinische Behandlungen überflüssig, zumindest meistens nicht, denn das Verhalten will auch umgelernt werden. Wichtig ist es, überlegt und achtsam mit den „Auslastungsmöglichkeiten" umzugehen: Zughundesport, Joggen,

Bevor Sie mit Ihrem Hund eine anspruchsvolle Sportart anfangen, lassen Sie bitte abklären, ob sein Körper der Aktivität und Belastung gewachsen ist.

Frisbee, Agility, Wanderungen, Mantrailing… es ist egal, welche dieser oder anderer Aktivitäten Sie mit Ihrem Hund unternehmen möchten, wenn sie viel Körpereinsatz erfordern, sollte man zunächst absolut sicherstellen, dass der Körper keine Schmerzprobleme hat. Noch einmal zur Deutlichkeit, und weil es in meiner Verhaltenspraxis leider zum täglichen Brot gehört: Ein Husky mit Problemen im Skelett oder Bewegungsapparat sollte nicht ohne gründliche Abklärung zum Zughundesport angemeldet werden, damit er ausgelastet wird und auch mal müde ist. Für einen Husky kann das Laufen tatsächlich ein Pflaster für sein Unwohlbefinden sein, weil das Laufen ihm in die Gene festgeschrieben ist. Dann hat er aber keine Freude am Laufen, sondern tut er es, um besser mit seinem Körperzustand zurechtzukommen. Genauso sollte man sich überlegen, jeden Hund der reaktiv auf Menschen reagiert, diesen zunächst auf Schmerzen oder Unwohlbefinden zu überprüfen und ihn dafür zu therapieren, bevor man ihn in der Fußgängerzone oder Tiefgaragen verlorene Menschen suchen lässt.

Wirksam therapieren statt experimentieren

Wir leben in einem Schlaraffenland, in dem es eine Fülle an guten Trainings-, Ernährungs- und Ausstattungsmöglichkeiten gibt. Auch die Auswahl an qualitätsvoller medizinischer Versorgung und unterschiedlichen Disziplinen und Methoden in der Physiotherapie ist sehr groß. Es ist alles da, um einen Hund gesund und aufgestellt zu halten.

Aber es ist leider auch so, dass viele Hunde vor vollem Napf verhungern. Hiermit meine ich nicht die Ernährung an sich, sondern auch die medizinische und therapeutische Versorgung. Leider werden Schmerzen von vielen Therapeuten und Behandlern nicht erkannt oder nicht ernst genug genommen und das schwierige Verhalten, das damit einhergeht, wird auf einem ganz anderen Blatt betrachtet. Wie oft mussten meine Kunden in den früheren Jahren hören, sie sollen sich eine „ordentliche" Hundeschule suchen, denn der Hund braucht nur eine klare Ansage und ein paar Manieren, wenn sie mit der Bitte kommen, den Hund auf Schmerzen zu checken, um auszuschließen, dass das Verhalten damit zu tun haben könnte. Es hat sich offenbar noch nicht herumgesprochen, dass auch Nicht-Mediziner Verhaltenstraining lernen können und mittlerweile in dem Bereich viel Erfahrung und Expertise gesammelt haben. Heute habe ich das Problem nicht mehr oder nicht mehr so ausgeprägt, weil schon vielen Hunden geholfen werden konnte, aber ich weiß sehr wohl, dass viele Kolleginnen und Hundehalter damit zu kämpfen haben, in ihrem Umfeld Hilfe und Unterstützung für diese Hunde zu bekommen. Das ist so schade, denn gerade, wenn die Therapeuten und Behandler ihren Job gut machen, kann der Verhaltenstrainer die gesteckten Ziele leichter erreichen, vor allem, weil es dem Hund besser geht. Es ist eine Win-Win-Situation für wirklich alle Beteiligte.

So kommen in der Tat Hunde zu mir, die bereits einen CT-Untersuchung oder Radiologie hinter sich haben. Alles ohne Befund. „Er läuft so, weil er noch jung ist und seine Beine noch nicht sortieren kann." „Das ist bei der Rasse oft so, er sollte etwas mehr bewegt werden, das Geschirr muss weg, der Trainer gehört gewechselt." Alles Aussagen, die nichts mit dem Thema und dem individuellen Hund an sich zu tun haben. Bei vielen Hunden wird noch nicht mal ein Gangbild beobachtet.

Andere Hunde werden prophylaktisch monatlich zur Physiotherapie gebracht, teils um es zu lernen für den Fall, dass es mal wirklich notwendig wird oder einfach, um ein ruhiges Gewissen zu haben. Auch hier wird manchmal routinemäßig behandelt und man sieht sich einen Monat später wieder. Ich persönlich gehe davon aus, dass ich nach einem Besuch beim Arzt oder Physiotherapeuten besser gehen kann, weniger Verspannungen habe, fröhlicher sein kann, weil mein Körper sich lockerer und besser anfühlt. Spreche ich die Hundehalter darauf an, dann höre ich leider oft, dass der Hund nach der Behandlung keine oder kaum Veränderungen zeigt. Warum dann?

Eine weitere Hürde ist, dass es in vielen Fällen gar keine Kooperation zwischen den ganzen Disziplinen gibt. Eines der Ziele dieses Buches ist, die Bedeutung einer klaren und genauen Diagnose zu verstehen, sodass Therapeuten und Mediziner die weitere Unterstützung wirksam übernehmen können. Es ist meine Vision, dass wir auf diese Weise das Wohlbefinden von Hund und Mensch erheblich verbessern können. Das ist ein hehres Ziel – packen wir es an!

Es gibt auch eine sehr große Anzahl von Hunden, bei denen man noch viele andere vermeintliche Heilmittel anwendet: von der Kastration über die Schilddrüsensubstitution bis zu Antidepressiva und Beruhigungsmitteln. All diese Vorgehensweisen haben sicherlich ihre Berechtigung, wenn es dem individuellen Hund zugutekommt. Nur konnte ich in Zusammenarbeit mit Dr. Blättler in vielen, wenn nicht in nahezu allen solchen Fällen zeigen, dass an der Wurzel auch dieser Probleme eben auch der Schmerz lag. Wenn dieser therapiert wurde, konnten die anderen Mittel abgesetzt werden.

Mit diesem Kapitel möchte ich einfach sagen: beobachten Sie, was bei Ihrem Hund gemacht wird – wofür Sie zahlen und schauen Sie, ob es ihm danach besser geht. Erwarten Sie keine Verhaltensveränderungen, wenn auf Verdacht etwas therapiert wird, das sich nicht in den Blutwerten oder am Bewegungsapparat Ihres Hundes widerspiegelt. Und selbst wenn die Blutwerte Defizite aufzeigen, ist es wichtig zu hinterfragen, warum das so ist. Denken Sie an den kürzeren Weg. Einem Hund dreierlei Psychopharmaka für die Bewältigung der verschiedenen Anforderungen in seinem Alltag zu verabreichen und gleichzeitig mit ihm Zughundesport zu betreiben, weil er immer noch nicht ausgelastet aussieht, fühlt sich nicht richtig an und kann auch nicht das Wahre sein.

Niemand kann zaubern, aber wenn es nicht besser geht, muss man die Strategie oder den Ansatz neu überlegen und anpassen oder verändern. Darüber sollte man mit den Therapeuten und Medizinern sprechen können. Wie Sie feststellen können, ob es Ihrem Hund besser geht, werden Sie noch in späteren Kapiteln erfahren.

Fallgeschichte Mika

Mika war ein zierlicher Kurzhaar-Collie von vier Jahren, als er mir vorgestellt wurde. Der Hauptgrund für das Verhaltenstraining war seine Leinenreaktivität anderen Hunden gegenüber. Mika wurde beim Züchter unter anderem deshalb ausgesucht, weil er der ruhigste Welpe war. Als er dann aber in seine neue Familie kam, hat er seine Welpenzähnchen gern und viel eingesetzt, seine Menschen angerannt und angesprungen und kam abends nicht zur Ruhe. Nur Kauen konnte ihn etwas beruhigen. Schon mit fünf bis sechs Monaten zeigte er reaktives Verhalten an der Leine und setzte dabei seinen ganzen Körper ein. Mit neun Monaten hatte er schon zwei Hundeschulen hinter sich, leider mit angst- und schmerzzufügenden Maßnahmen, was sein Verhalten verschlimmerte. Infolgedessen gingen seine Menschen nur noch im Dunkeln spazieren. Nach diesen zwei Etappen machte Frauchen Agility im Hundeverein. Das musste aufgrund zu großer Erregung abgebrochen werden. Mit zwei Jahren wurde Mika ein Jahr lang in der Hundestaffel trainiert. Auch dies wurde abgebrochen. Danach wurde Hilfe bei einer Trainerin für schwierige Hunde gesucht, was auch aufgrund aversiver Einwirkung abgebrochen wurde und dann trainierte das Team parallel in zwei positiven Hundeschulen, wo das Hauptaugenmerk in Hundebegegnungen und Social Walks lag. Mika konnte einfach nicht entspannt bleiben, wenn er andere Hunde sah. Als er dann von einem anderen Hund in einem solchen Konfrontationstraining überfallen wurde, brach Frauchen das Training auch dort ab.

Als er im Alter von vier Jahren und nach sieben Etappen bei mir vorgestellt wurde, lagen folgende gesundheitliche Themen vor: Schilddrüsenunterfunktion, hier wurde nach einer Phase der Substitution mit T4 und auch T3 verabreicht. Die Folge war, dass Mika am Abend schneller zur Ruhe kam und auch tiefer schlief, aber sein Verhalten draußen blieb nach wie vor reaktiv. Seine Bauchspeicheldrüse machte Probleme und

Mika hat mit seinem Verhalten deutlich gemacht, dass ihn manche Situationen überfordern. Er war bis zur effizienten Therapie ein Schmerzpatient.

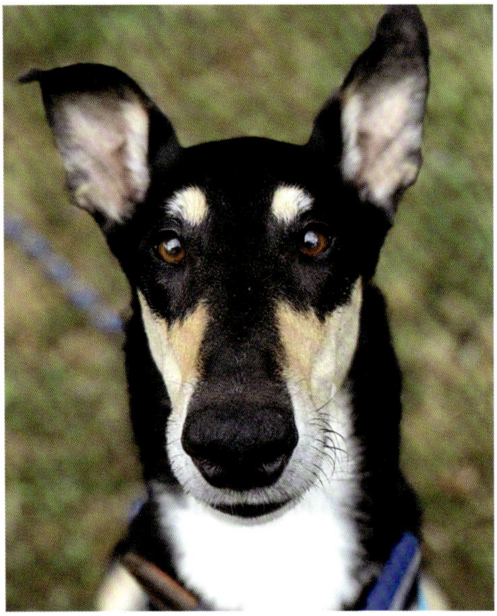

Mika im Frühjahr 2018 zum Beginn unserer Zusammenarbeit im Training.

Mika zeigte deutliche Fellveränderungen und Wirbel am Hals und an den Schultern.

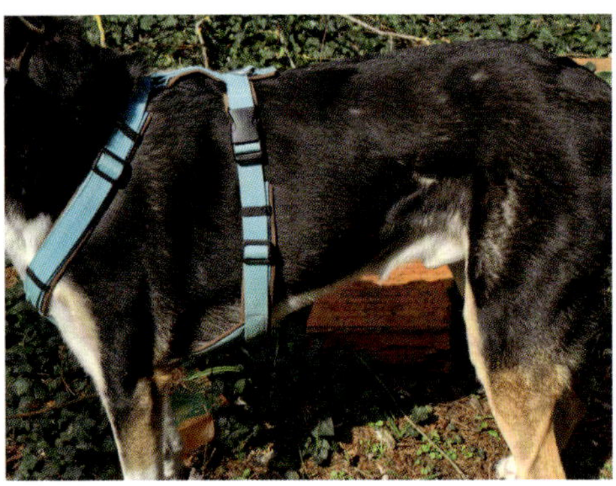

Außerdem konnte man die Anspannung der Oberschenkel und die sehr schmalen Schultern sehen.

In diesem Bild hat Mika deutlich entspanntere Züge im Gesicht. Sein Maul ist locker.

er hatte eine für seine Rasse typische Augenkrankheit. Die behandelnde Physiotherapeutin vermutete einen verschobenen Wirbel in der Halswirbelsäule und fand ihn ab Rückenmitte empfindlich gegen Berührungen.

Bei Nachfrage, ob er in der letzten Zeit manche Handlungen nicht mehr oder anders ausführte als vorher, wurde geantwortet, dass er nicht mehr so hoch am Baum hochspringen konnte wie vor einigen Monaten noch. An einem Spiel beteiligte er sich auch nicht mehr so lang wie vorher. Erwähnenswert waren noch die Übelkeit und das Übergeben beim Autofahren in den ersten sechs Lebensmonaten. Bei starken Geräuschen wie an Silvester reagierte Mika mit Angst und Zittern. Im Zusammenleben mit Mika gab es gute und schlechte Tage. Die Futtersituation und der Zustand der Verdauung waren nicht alarmierend und wurden erst einmal nicht näher besprochen.

Die Basiserziehungsübungen klappten alle recht gut, allerdings ohne Ablenkung. Gruppentrainings waren sehr mühsam.

Während des Erstberatungsgesprächs konnte ich außer den vorhergehenden Informationen folgende Gegebenheiten feststellen:

- es gab Fellwirbel über den Rücken
- sein Rücken war verspannt und er mochte die Berührungen nicht, das Fell zuckte
- beide Oberschenkel fühlten sich sehr fest an
- der rechte Oberschenkel war mehr bemuskelt als der linke
- die Schulter waren sehr flach, wenig bemuskelt
- die linke Schulter war mehr bemuskelt als die rechte

Wir halten für die Vollständigkeit dieser Fallgeschichte noch fest, dass Mika im Laufe der vier ersten Jahre folgende Vorgehen kennenlernen musste: Leinenruck, Wurfdiscs, Wasserflasche, Schnauzengriff, Einschüchterung, Sprühhalsband, Abdrängen und Herunterdrücken. Das bestätigt – ungeschönt und ehrlich ausgedrückt – dass die Trainer ihre ganze Verzweiflung und Unfähigkeit an Mika ausgelassen haben. In den positiven Hundeschulen lief alles besser, aber die Schmerzen standen nach wie vor dem Weiterkommen im Weg.

Ich konnte seine Familie dazu überzeugen, eine tiermedizinische Praxis aufzusuchen, die Mika auf Schmerzen untersuchen und behandeln würde. Dies wurde tatsächlich gemacht und Mika bekam eine Infiltrierung der Wirbelsäule mit Kortison. Der Effekt auf sein Verhalten war verblüffend, hielt aber leider nur einige Monate an. Dann verfiel Mika wieder in sein reaktives Verhalten. Dann suchte die Familie Hilfe in der Tierarztpraxis meines Co-Autors Dr. Blättler-Monnier, der bei der Untersuchung feststellte, dass Mika Schonhaltung in der Hinterhand zeigte. Er hatte vor neun Monaten CT sowie Infiltration der Cauda equina bekommen. Es war drei Monate lang gut gewesen und jetzt wieder schlechter.

Dr. Blättlers Diagnose / Verdachtsdiagnose war:

- Protrusion L7-S1 mit rechtsforaminaler Stenose (Einengung des Nervenaustritts)
- deutlich veränderte Biomechanik Occiput – obere HWS (Hinterhauptbein – obere Halswirbelsäule), sowie Becken – Cauda equina. (Das Cauda-equina-Syndrom tritt auf, wenn die Nervenwurzeln am hinteren Ende des Rückenmarks zusammengedrückt oder beschädigt werden).

Mika wurde von Dr. Blättler manuell behandelt (orthopädisch kinematisch kontrollierte manuelle Therapie) und bekam ein homöopathisches Komplexmittel für seine Kopfschmerzen mit. Nach vier Wochen sollte er erneut vorgestellt werden und sechs Monate später nochmals zwecks Nachbehandlung. Die mechanischen Veränderungen im Rücken waren noch vorhanden, aber der Schmerzprozess in der Cauda equina-Region hatte sich dramatisch verbessert. Die Beweglichkeit des Rückens war deutlich besser, Mika hatte weniger Schmerzen und auch Lebensfreude sowie Agilität hatten deutlich zugenommen. Die Befunde am Kopf, vor allem Kopfhinterhaupt, waren immer noch reaktiv, sodass der Spannungskopfschmerz jedes Mal mitbehandelt wurde. Anderthalb Jahre später kam Mika wieder in die Praxis und Dr. Blättler stellte einen Rückfall aufgrund mechanischer und entzündlicher Vorgänge fest. Deshalb wurde er mit Librela behandelt und weitere sechs Monate später waren alle Befunde in Ordnung.

Nach der erfolgreichen Anfangsbehandlung war das Verhaltenstraining recht leicht, aber noch notwendig, damit weder Mika noch seine Menschen in das alte Verhalten zurückfielen. Mika wurde ausschließlich mit B.A.T. für seine Begegnungsprobleme und positiver Verstärkung für den erzieherischen Teil trainiert, was ihm sehr viel Druck wegnahm. Parallel dazu konnten wir nur über sein schnelles Lernvermögen staunen und boten ihm Suchaufgaben und auch Dreieckübungen an. Ein Jahr später durfte ich Mika in einem Wochenendseminar erleben, wo er sein Können in Sachen Dreiecksübungen mit Bravour in der Gruppe zeigen konnte. Ein echtes Happy End.

2. Die Hürden für den Verhaltenstrainer

Die Geschichte von Mika ist keine Ausnahme, sondern in meiner Praxis mittlerweile sogar ein Klassiker und ich denke, medizinisch gesehen gilt das auch für meinen Co-Autor, Dr. Blättler-Monnier. Ich habe diese Fallgeschichte mit Absicht recht ausführlich beschrieben, damit ersichtlich wird, wieviel emotionaler Aufwand, Trainingsaufwand und letztendlich auch welche Ausgaben es kosten kann, bis man das Augenmerk ernsthaft auf die richtige Ursache des Verhaltens legen kann. Für Trainer und Verhaltenstrainerinnen ist es nicht einfach, für den Gedanken, der Hund könnte unter Schmerzen leiden, Resonanz zu finden. Es gibt mehrere Gründe, warum das so schwierig ist.

Hunde zeigen Schmerzen anders, als wir es erwarten

Dies ist das Hauptproblem. Hunde werden so häufig nicht richtig verstanden. Gerade wenn es um ihr Wohlbefinden geht, schätzen wir sehr häufig die Situation falsch ein. Es wird erwartet, dass ein Hund lahmt, langsam aufsteht oder bei bestimmten Bewegungen aufschreit oder jammert, genauso, wie es ein Mensch machen würde. Womöglich sind die Hunde einfach adaptiver bei Schmerzen oder sie möchten aus evolutionären Gründen keine Schwäche zeigen. Vielleicht ist es eine Kombination von mehreren Ursachen. Sicher ist allerdings, dass sie ein zentrales Nervensystem und Rezeptoren haben und sehr wohl Schmerzen empfinden, wenn es im Körper zwickt. Was macht der Hund? Er verändert sein bestehendes Verhalten oder entwickelt ein oder mehrere Verhaltensweisen, die ihm Erleichterung verschaffen. Vielleicht erreicht er durch ein ständiges und schnelles Laufen und Rennen eine Ausschüttung von Adrenalin, das die Schmerzen dämpft?

Vielleicht meidet er Körperkontakt und möchte nicht mehr zu Ihnen aufs Sofa, weil er sich nicht sicher ist, dass Sie still genug halten?

Vielleicht findet er abends keine Ruhe, weil gerade im Ruhezustand sein Körper Schmerzen hat?

Vielleicht zieht er sich auf „sicheren" Boden zurück, weil ihn rutschige Böden verunsichern?

Oder vielleicht will er keine anderen Hunde oder fremde Menschen in seiner Nähe haben, weil er nicht weiß, ob er der Begegnung in dem körperlichen Zustand gewachsen ist?

Womöglich zeigt er wohl mehr von diesen neuartigen „Macken“. Er kann plötzlich keine Treppen mehr steigen, er bleibt am Spaziergang stur stehen oder legt sich gar hin, er braucht lange Zeit, sich hinzusetzen oder aufzustehen. Er drückt sich beim Agility oder rastet aus an den Hürden. Dies und noch zahlreiche auffällige, aber auch unspektakuläre einzelne oder kombinierte Veränderungen können wichtige Indikatoren werden. Über die Vielfalt der veränderten Verhaltensweisen und Kombinationen davon werden Sie genau in diesem Buch lesen können.

Wir haben Jack mit acht Monaten ins Training bekommen. Nach drei Einzeltrainings und einem Tierarztbesuch hatte Jack viele Stresszeichen und ungestümes Verhalten abgelegt.

Hier sieht man seine verspannten Gesichtszüge und die Wellen auf dem Rücken (s. S. 126).

Je jünger der Hund, desto alarmierender sind die Liegepausen beim Spaziergang.

Trainer sind keine Mediziner oder Therapeuten

Natürlich sind die allermeisten Verhaltenstrainer das nicht. Auch, wenn manche unter ihnen sehr vielseitig und vielschichtig ausgebildet sind, das medizinische Wissen können wir uns leider einfach nebenbei nicht aneignen. Dennoch ist es möglich, sich in bestimmten Disziplinen so weiter zu schulen, dass man zum Beispiel lernen kann, zu erkennen, ob ein Hund „normal" läuft, sitzt, liegt oder aufsteht. Man kann auf einem Spaziergang prüfen, was er alles kann und was nicht, wie vorsichtig er bestimmte Hürden nimmt oder wie sicher seine Balance ist, welche Seite er belastet oder entlastet und in welcher Richtung er Kurven besser bewältigt.

Ich werde auf den folgenden Seiten noch viele Verhaltensweisen auflisten, die auf einen Schmerzzustand hinweisen können. Auch diese kann man beobachten und sich darin üben, die Punkte zu verbinden. Wichtig ist auch, ein gutes Netzwerk in seinem mittelbaren Umfeld zu errichten, sodass man zusammen mit dem Kunden am Ball bleiben kann und eventuell auch von ihm die Genehmigung bekommt, direkt mit den Behandlern in Kontakt zu treten, wenn dies von Vorteil ist. Es ist meine Erfahrung, dass man den Hundehalter hiermit nicht alleinlassen kann und ich kann nur bestätigen, dass jeder Fall ein individueller, neuer und anderer ist und man als beteiligter Trainer jedes Mal eine Menge dazu lernt, wenn man sich dazu zwingt, jeden Fall tatsächlich neu und neutral, ohne Vorurteil oder nach einem Schema F zu betrachten. Das einzige fixe Schema in meiner Vorgehensweise ist es, prüfen zu lassen, ob dem Hund irgend etwas weh tut.

Als Hinweis für Verhaltenstrainer möchte ich hinzufügen, dass neben einem ausführlichen Fragebogen Bilder und Videos wichtige Quellen sind, um zu Hause in Ruhe den Fall aus vielen Blickwinkeln zu belichten.

Je offener und interessierter man die Beziehung zu den Behandlern gestaltet, desto mehr Information gewinnt man für den aktuellen Fall, aber auch für zukünftige Fälle.

Der Hund wird bereits medizinisch und therapeutisch begleitet

Selbstverständlich macht dies die Angelegenheit noch komplizierter. Es ist in der heutigen Zeit genau wie in der Humanmedizin so, dass Spezialisten eben Spezialisten in ihrem Gebiet sind und sich recht wenig in andere medizinische Bereiche einmischen wollen oder können. Ihr Terminkalender ist voll mit ihren Spezialpatienten und es gibt leider für andere Behandlungen keine Zeit. So hatte ich vor kurzen eine persönliche Erfahrung mit meinem Eden, der durch das Kauen einer härteren Kaustange eine Zahnfleischwucherung abgerissen hatte. Selbstverständlich geschah dies am Sonntagabend, wodurch ich nur die Möglichkeit hatte, ihn in einer Klinik, die Wochenenddienst hatte und 40 km entfernt war, vorzustellen. Ich wurde mit einem Hund wieder nach Hause geschickt, der so dermaßen aus der Verletzung am Zahnfleisch blutete, dass wir wortwörtlich eine Blutspur nach uns zogen. Ich könnte einen Termin beim Stomatologen bekommen, und zwar am nächsten Donnerstag. Ich denke, bis dahin hätte ich einen blutleeren Hund gehabt. Zum Glück fanden wir am nächsten Morgen Hilfe in der lokalen kleineren Tierklinik, in der jeder Tierarzt Zahnfleischwucherungen entfernen kann.

Diese Erfahrung zeigt, dass es nicht mehr selbstverständlich ist, dass jeder Tierarzt sich zum Beispiel mit einem Gangbild auseinandersetzt.

Allergien und Futtermittelunverträglichkeiten gehören mittlerweile für mich in der Verhaltenstherapie zum Standardrepertoire. Gut die Hälfte aller Hunde in meiner Klientel darf nur Leckerchen aus Pferde- oder Wildfleisch, ja sogar aus Insekten bekommen, denn sie haben mit Futtermittelunverträglichkeiten oder -allergien zu kämpfen. Natürlich ist dieses Phänomen an sich möglich, aber warum treten sie ausgerechnet bei vielen Hunden auf, die größere Verhaltensprobleme haben?

Besonders bei den Hunden, die, wie zuvor schon erwähnt, regelmäßig beim Physiotherapeuten oder Osteopathen vorgestellt werden, ist es oft schwer, den Halter zu einer weiteren Diagnosefindung oder Behandlung zu überreden, denn er ist ja der Meinung, dass sein Hund schon in professionellen Händen ist und „die das doch wohl gemerkt hätten“. Ich möchte hier weder den Haltern noch den Behandlern einen Vorwurf machen, aber es ist leider eine realistische Möglichkeit, dass Schmerzen auch von Profis übersehen und nicht erkannt werden.

Dieser Welpe zeigt keine Auffälligkeiten und ist im Alltag ruhig und ausgeglichen.

Siena war als Welpe sehr rastlos und ungestüm. Ihre rechte Schulter manifestierte im Alter von fünf Monaten eine OCD.
Im Bild kann man eine unterschiedliche Spannung an Oberkopf / Ohren erkennen.

Der Hund ist jung oder neu

„Unser Hund ist doch erst acht Monate, anderthalb Jahre, drei Jahre, noch Welpe". Nichts von all diesen Altersklassen schützt einen Hund vor Schmerzen. Nicht umsonst hat mein Co-Autor ein Welpenprogramm entwickelt, bei dem der Welpe genauestens ausgemessen wird, sein Gangbild elektronisch vermessen wird und seine Wachstumsphasen beobachtet werden. Nicht selten kommt ein Welpe mit einem Problem in seinem Skelett oder im Bewegungsapparat zur Welt. Ja in der Tat, manchmal ist die Lage im Mutterbauch nicht ganz so optimal gewesen oder das Spiel in der Welpenstube war zu wild oder das Toben in der Welpenspielgruppe hat zu Verletzungen geführt, die sich – wenn unbehandelt und unbemerkt – wie ein immer größer um sich greifendes Problem durch das ganze Skelett fräsen.

Natürlich ist es entmutigend, wenn ein taufrisches Hundekind bereits solche Themen in sich trägt, aber es bringt nichts, wenn man es ignoriert und verkennt. Ganz im Gegenteil. Zwei bis drei Jahre später weiß man nicht mehr, wie es wann passiert ist und man hat die Zeit verpasst, in der das Problem recht leicht und einfach zu beheben gewesen wäre. Ich empfehle meinen Kunden, die sich mit ihrem Welpen an mich wenden, diese so früh wie möglich beim Osteopathen vorstellig zu machen. Es hat nur Vorteile für die Eingewöhnung und man kann in den ersten elf Monaten bis zur Schließung der Wachstumsfugen so vieles geraderücken.

Achten Sie beim Welpen bereits auf bestimmte Haltungen: werden beide Vorderbeine und Hinterbeine symmetrisch belastet? Schläft Ihr Welpe immer in der gleichen entlastenden oder dehnenden Haltung? Gerade die „ulkigsten" Schlafbilder könnten einiges verraten.

Was sehr häufig eine große Hürde beim Erkennen von Störungen im Skelett im frühen Alter sein kann, ist auch, wenn die Hundehalter vor Kurzem ihren alten und kränklichen Hund verloren haben. Wer kennt das nicht? Eine Batterie von Medikamenten und Ergänzungen, die zum Alltag eines alten Hundes gehört haben, wird nicht mehr gebraucht und bei aller Trauer über den Verlust des alten und kranken Kumpels spürt man eine Erleichterung darüber, dass diese Mittel nicht mehr gebraucht werden, da mit einem neuen jungen Hund oder Welpen wieder bei Null angefangen werden kann. Das macht das Anerkennen des Schmerzthemas richtig schwer. Dazu kommt, dass wenige Welpen sich ins Eck legen und nicht mehr bewegen wollen. Wenn andere Artgenossen präsent sind, werden sie sich meistens zum Spiel auffordern lassen.

Ich frage die Welpenbesitzer gern, ob der Welpe sich im Verhalten, in Größe oder Fell von den Geschwistern unterschieden hat. War er der ruhigere und suchte mehr Anschluss bei den Menschen, als am Spiel der Geschwister teilzunehmen? Oder war er gar der Wildere? Größere Würfe bieten eher Belastungen als kleinere, aber auch in kleineren Würfen können die Probleme bereits entstehen, denn die Lage im Bauch der Mutterhündin ist nicht immer korrekt und perfekt. Ich möchte immer gern wissen, ob die Mutterhündin permanent Zugang zu ihren Welpen hatte, damit sie das Spiel moderieren konnte. Ist das nicht der Fall, ufert das Spiel manchmal aus und es kommt zu Verletzungen beim Herumbalgen.

Auch Hunde, die aus dem Tierschutz in die Familie kommen, sollten genau beobachtet werden. Egal, ob sie jung oder bereits etwas älter sind, die Umstände ihres Wachstums, ihrer Ernährung, Sicherheit, ihres Lebens auf der Straße und des Umgangs mit ihnen können häufig zu Störungen im Skelett führen. Auch Mischlinge sind entgegen häufiger Annahme leider nicht vor solchen Problemen gefeit. Wenn Sie einen Hund aus dem Tierschutz oder Tierheim aufnehmen, der sozusagen mit einer „Gebrauchsanleitung" zu Ihnen kommt, ist es erst recht wichtig, nachzugehen, ob er schmerzfrei ist. Häufig ist er aufgrund seines Verhaltens bereits ein oder mehrere Male umplatziert und dazu hat es immer Gründe gegeben. Auch hier gilt: ein neuer Hund ist kein unbeschriebenes Blatt und braucht eine ganzheitliche Überprüfung seines Wohlbefindens.

Der Hund hat einen Job oder ist Sportler

Oh je, das ist meistens eine harte Nuss. Schon mehr als ein Klient hat die Reißleine gezogen, als ich ihm mitteilte, man sollte vielleicht vorerst den Sport oder die Idee, den Hund als Therapie- oder Schulhund einzusetzen, auf Eis legen, bis die gesundheitlichen Themen geklärt sind. Um die Hunde, die im Sport eingesetzt werden, mache ich mir die wenigsten Sorgen, denn sie werden häufig den Hundehalter beim Training so in den Wahnsinn treiben, dass dieser daran keine Lust mehr hat oder aus Verzweiflung Hilfe sucht. Allein schon das Training in Gruppen ist für Hunde mit Schmerzen nicht einfach, und das lassen sie ihre Menschen und den Trainer deutlich wissen.

Mehr Sorgen mache ich mir um die Hunde, die den Unterricht begleiten sollen oder beispielsweise in die Psychologie-Praxis mitgenommen werden. Selbst wenn sie schonend behandelt werden, nicht angefasst werden sollten und ihre Ruhe- und Auszeiten erhalten, sind die Einsatzmomente für Hunde mit Schmerzen schwerer zu tragen als für andere Hunde. Natürlich soll der Hund Klienten nicht anknurren, denn dann geht sein Image vom Helferhund flöten. Aber vielleicht kann er im Moment nicht helfen, weil er selbst Hilfe braucht? Auch hier gilt: wenn Ihr Hund öfters knurrt oder Zähne zeigt, signalisiert er, dass er Distanz braucht und mit der aktuellen Lage nicht zurechtkommt. Helfen Sie ihm und bestrafen Sie das Knurren nicht, sonst ersticken Sie seine Kommunikation im Keim. Auch Training wird hier keine Abhilfe schaffen, denn ich kann ihm kein frohes Gemüt antrainieren, wenn es ihm nicht gutgeht. Wenn seine Warnungen nicht berücksichtigt werden, muss er zur nächsten Stufe übergehen, denn die Distanz braucht er dennoch. Hier ist Management die beste Lösung: halten Sie den Hund aus der Situation fern, bis er ihr gewachsen ist.

Klar ist, dass diese eventuell vorübergehende Unfähigkeit, als Helferhund eingesetzt zu werden, für den Hundehalter eine Enttäuschung ist. Genauso trifft dies auf den Sporthund zu. Hundesportler brennen für ihre Disziplin und haben in der Regel viel Aufwand betrieben, um den richtigen Sportkumpel zu finden. Es nutzt nur nicht, wenn er sich körperlich nicht für den Sport eignet, insbesondere, wenn es um Sportarten mit größerem körperlichem Einsatz geht. Es muss ja nicht grundsätzlich das Ende der Sportkarriere bedeuten, denn es ist gut möglich, dass Behandlungen ihm aus den Problemen helfen und eine gute Reha dazu führt, dass er doch noch seinen Dienst antreten kann. Man kann dies jedoch nicht im Voraus garantieren.

Vielleicht verzögert sich sein Einsatz um einige Monate oder ein Jahr, aber ist dennoch möglich. Vielleicht jedoch eignet sich aber der Hund aufgrund chronischer Beschwerden ganz und gar nicht für die Aufgabe, und dann sollte man auch dies akzeptieren.

Auch wenn der Hund nicht für den favorisierten Sport geeignet ist, kann man andere gemeinsame Aktivitäten entdecken, die für seinen Körper machbar sind.

Ich kann Ihnen nur raten, keinen Ausbildungsvertrag zu unterschreiben, bevor Sie Ihren Hund medizinisch auf Herz und Nieren und sicherlich auf Skelett und Wohlbefinden haben überprüfen lassen. Eventuell können Sie vorher noch einen Verhaltenstrainer zu Rate ziehen. Es kann eine gute Investition sein, denn die Ausbildungskosten werden in der Regel nicht erstattet, wenn es sich herausstellt, dass der Hund sich nicht für den Job eignet. Gerade im Moment habe ich einen Hund im Training, für dessen Ausbildung viel Geld gezahlt wurde, nachdem die Therapiehunde-Ausbilderin ihn als geeignet eingestuft hatte. Der Hund ist aufgrund seiner Kopfschmerzen an schlechten Momenten gar nicht ansprechbar und deshalb auch nicht trainierbar, wurde mit harten Bandagen trainiert und kam

So „beamt" sich Pepe, der Hund aus dem Videobeispiel von S. 16, mit Blick in die Ferne weg, wenn ihm die Kopfschmerzen daran hindern, zu kooperieren.

trotzdem nicht weiter. Selbst nach Bescheinigung vom Orthopäden gab es keine Rückerstattung des Ausbildungsgeldes.

Hürden ohne Gültigkeit

Diese Überschrift klingt vielleicht etwas vage, aber weil es so oft vorkommt und ein häufiger Grund ist, sehr viel Zeit und Energie in Diskussionen darüber zu verlieren, nenne ich hier noch einige Hürden, die den Hund mit seinen Schmerzen nicht weiterbringen.

Rasse: Es hat überhaupt nichts mit dem „typischen" Phlegma eines Rottweilers zu tun, wenn dieser sich mitten im Begegnungstraining oder nach hundert Metern Spaziergang einfach auf dem Asphalt hinlegt. So auch macht mir die junge Neufundländerin Sorgen, wenn sie aus lauter „souveräner" Haltung einen Liegestreik startet. Der Rhodesian Ridgeback kann tatsächlich auch vor der Vollendung seines dritten Lebensjahres schon aufmerksam lernen, wenn er in sich wohl in seiner Haut fühlt. So fühlt sich auch ein Kromfohrländer, der viel und schnell zum Bellen übergeht, dabei nicht wohl, obwohl das Bellen gern seiner Rasse zugeschrieben wird. Es geht keine Woche vorbei, ohne dass nicht die Rasse eine der Hauptrollen im Verhaltensproblem spielt. Die Rasse ist ein Mosaiksteinchen im ganzen Bild, aber nicht und niemals der Hauptgrund.

Aymo ist ein Patient mit mehreren Schmerzpunkten im Körper. Er ist nicht sehr belastbar und äußert seine Überforderung durch ein kopfloses Bellen.

Rangordnung: Hunde, die mit angezogener Handbremse durchs Leben gehen oder auch mal eine bestimmte Strecke nicht gehen wollen, haben dafür triftige Gründe, aber sie versuchen nicht – nein, wirklich nicht! – das Zepter in die Hand zu nehmen. Ich hinterfrage solche Aussagen immer mit der A-B-C Struktur im Hinterkopf: was ist der Antezedent, wie verhält sich der Hund, was ist für ihn die Konsequenz davon? Wenn Ihr Hund sich weigert, den langgestreckten, abschüssigen Hügel herunterzulaufen und stattdessen unauffällig auf einen anderen Weg weiterlaufen will, versucht er womöglich, die Belastung für seine Schultern, die ihn plagen, zu vermeiden. Wenn sich Ihr Hund beim Spaziergang zurückfallen lässt und dabei die Nase nicht vom Boden bekommt oder sich gar hinsetzt und nicht mehr weiterlaufen will, dann ist es sinnvoll, zu hinterfragen, wie lange die Strecke bisher war und wie lang der Weg bis nach Hause noch ist. Womöglich ist er körperlich an seinen Grenzen angelangt. Gerade bei jüngeren Hunden ist dies eine rote Flagge! Wenn Ihr Hund lieber auf dem Sofa liegt als auf seinem Bettchen am Boden, könnte die Weichheit des Sofas seine Gelenke entlasten – oder bekommt er durch die Höhe des Sofas viel weniger Luftzug ab?

Vorfahren: „Ich habe meine Züchterin gefragt: der Vater meines Hundes läuft genauso". Nein, nein, nein und nein. Genetik hat ihre Rolle, aber sie sollte uns nicht davon abhalten, unserem Hund seine individuelle Chance auf Wohlbefinden und Gesundheit zu bieten. Viele – zum Glück nicht alle – Züchter haben immer makellose Hunde und die kleineren Mäkel sind Eigenarten ihrer Zuchtlinie. Sie sind jetzt verantwortlich für Ihren Hund, und nur Sie können die richtige Entscheidung für sein weiteres Leben treffen.

„Macken": Hinterfragen Sie jede Liegehaltung, die spektakulär oder kompliziert aussieht. Jedoch auch weniger auffällige Haltungen, die immer wieder die gleiche Schulter oder Seite entlasten, sollten Ihre Aufmerksamkeit bekommen, wenn sie täglich zu sehen sind. So lag Siena in den ersten Monaten, als sie bei mir war, meistens auf der rechten Schulter und ließ den Kopf über den Rand vom Sofa oder die Wulst ihres Bettes herunterhängen. Wenn sie auf dem Boden lag, lag sie vorne oft in einer anderen Richtung gedreht wie hinten. Es sieht aus wie eine Macke, kann aber eine konsequente Entlastung bestimmter Körperteile sein. Verhalten draußen, wie etwa Holz kauen, buddeln und rennen können auch „Joints" sein, die intrinsisch belohnen und dadurch ein Gegengewicht gegen die vom Schmerz ausgelösten Stresshormone sind.

„Das macht er immer so": Treppen stürmisch hoch oder runter rennen oder im Gegenteil auffällig langsam und behutsam die Stufen bewältigen sind ebenfalls Indikatoren, wenn sie sich mit anderen Zeichen kombinieren lassen. Nicht ruhig Auto fahren können und dadurch immer weniger gern ins Auto einsteigen nehme ich auch mit auf die Checkliste im Fragebogen. Wasser meiden kann ein Zeichen von Unsicherheit

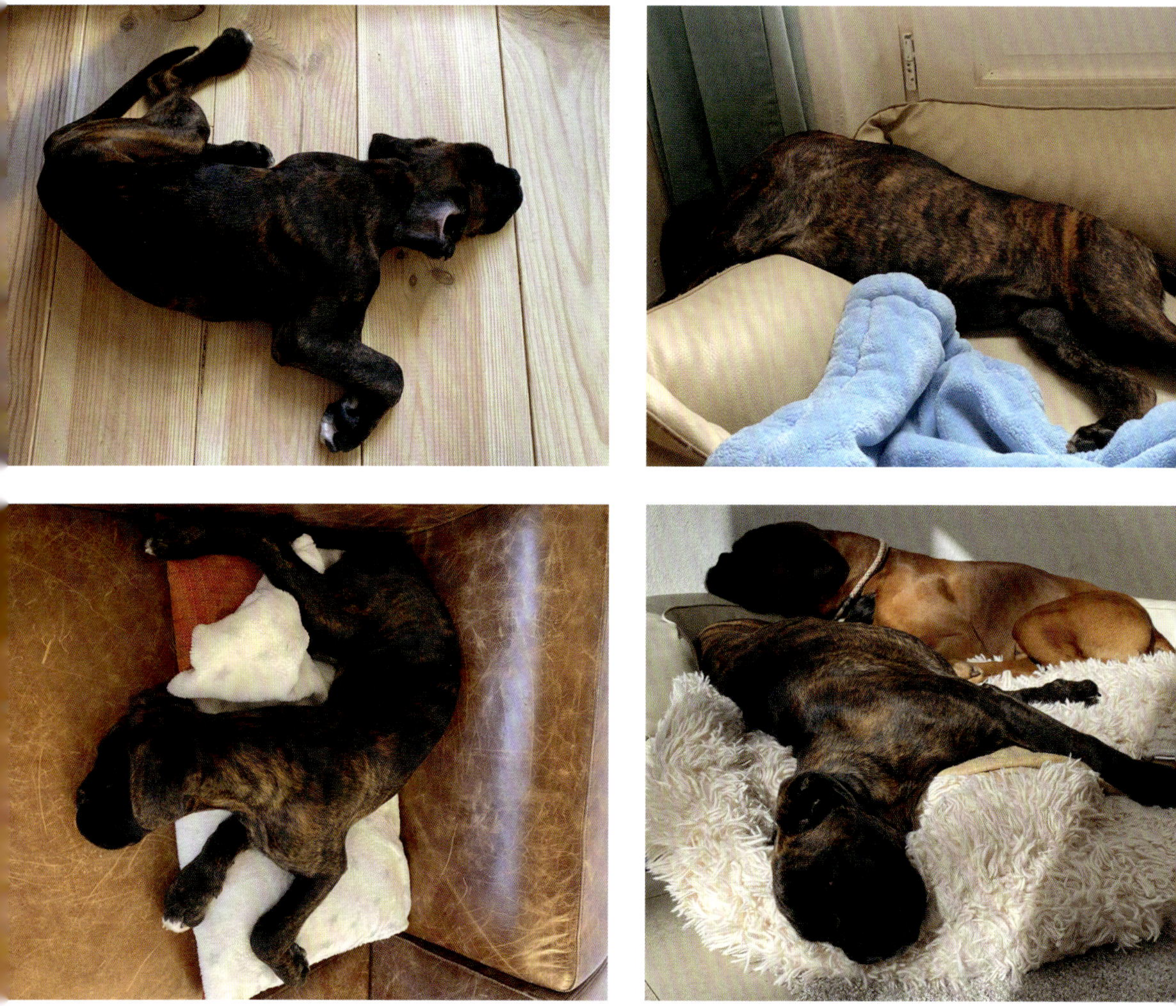

Diese typischen Liegepositionen von Siena begleiten sie seit dem Welpenalter. Sie sehen ulkig aus, aber es sind Schonhaltungen, die nach Behandlungen weniger deutlich oder nicht zu sehen sind.

im Körper sein, womöglich in frühen Jahren entstanden und über die Schmerzperiode hinaus weiterbestehend. Übersprungverhalten bei Abfrage von bestimmten Aufgaben, vor allem wenn sie eine körperliche Leistung beinhalten, wie zum Beispiel auf Baumstämme klettern oder balancieren, auf eine Erhöhung hochspringen oder beim Anlegen vom Geschirr oder Mantel. Warum bedeutet es dem Hund ein Problem? Es ist eine sehr gute Angewohnheit, alles zu hinterfragen und nichts für selbstverständlich oder für eine Eigenart zu halten.

„Das geht bei meinem Hund nicht weil…": Es gibt Gespräche, bei denen man sich unentwegt im Kreis bewegt, weil jeder Lösungsansatz unmöglich ist, weil… Das liegt manchmal daran, dass bereits sehr viele Methoden und Trainer zu Rate gezogen wurden und vielleicht zu viel auf der theoretischen Ebene und zu wenig auf der praktischen Ebene mit praktischen und erreichbaren Zielen in kleinen Schritten gearbeitet wurde.

So gibt es Hunde, die ein solch komplexes Problembild aufzeigen, dass einige Maßnahmen, anfangend bei einer eingehenden Untersuchung in einer Tierarztpraxis, parallel zueinander umzusetzen wären – aber das geht nicht, weil der Hund Panik in der Praxis hat, kein Blut abnehmen lassen kann, sich von fremden Menschen nicht berühren lässt und die Autofahrt nicht verträgt. Das Medical Training wurde angefangen, aber ist in zwei Monaten gerade mal beim Anfassen durch die eigene Person angelangt. Einzelspaziergänge gehen nicht, denn dann muss mit dem Zweithund auch allein Gassi gegangen werden und der betreffende Hund kann nicht allein bleiben. Schmerzmittel zum Ausschluss von Schmerzen klappen auch nicht, denn der mäkelnde Hund verweigert alles, worin eine Tablette versteckt wurde oder verträgt keine Schmerzmittel. Man kann es sich bei manchen Gesprächen nicht ausdenken, wie komplex das Zusammenleben mit dem scheinbar schwierigsten und kompliziertesten Hund dieses Planeten ist.

Hierzu kann ich nur wiederholen: Wenn sich nichts ändern lässt, kann sich nichts ändern. Die Situation ist in diesen Fällen so dermaßen verfahren, dass man als praxisorientierter Trainer kaum Möglichkeiten hat. Vielleicht soll das auch so sein? Oftmals stellt man in solchen Fällen außerdem fest, dass manche absolute Basics wie Sitz und Umorientierung nicht oder sehr mangelhaft trainiert wurden. Mit anderen Worten: es wird eine magische Lösung vom Trainer erwartet, am liebsten mit wenig eigenem Aufwand. Das gibt es leider nicht. In solchen Fällen hilft nur eine klare Aussage oder das Beenden der Zusammenarbeit.

Sie sehen es, nichts von den wenigen „Zeichen", die ich hier aufgeführt habe, MÜSSEN, aber alle KÖNNEN auf Schmerzen hinweisen, vor allem, wenn mehrere zusammenkommen. Mehr dazu gibt es in den Kapiteln über „Schmerzzeichen".

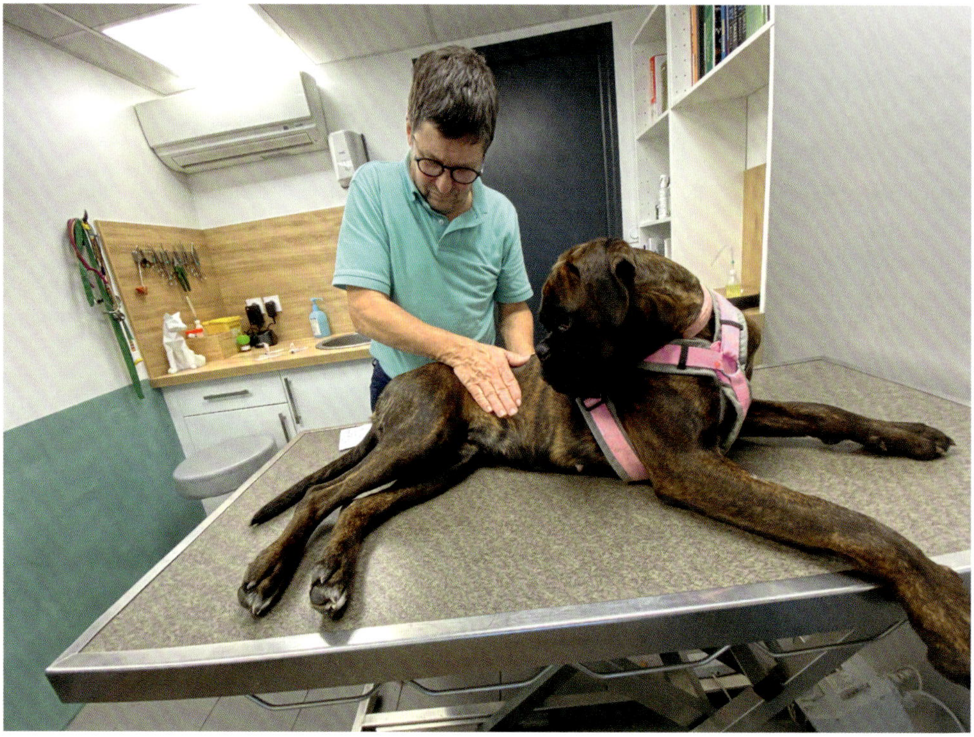

Nur wenn eine Behandlung möglich ist, kann sie dem Hund helfen und seine Schmerzen lindern.

3. Warum kommt ein Hund ins Verhaltenstraining?

Sehr einfach ausgedrückt: wenn ein Hundehalter Verhaltenstraining für seinen Hund in Anspruch nehmen möchte, dann ist der Zustand meistens nicht neu. Oftmals wurden schon viele Methoden und Ratschläge umgesetzt, aber es muss sich *jetzt* etwas ändern. Mit anderen Worten: der Leidensdruck des menschlichen Umfelds des Hundes wird zu groß und ist für einen normalen Alltag kaum noch zu tragen. Das geht verständlicherweise oftmals einher mit einem Gefühl von Frustration, Überforderung und nicht selten Unverständnis für das Verhalten des Hundes, denn er hat doch alles, was er braucht. Das normale Gruppentraining in der Hundeschule überfordert den Hund, frustriert seinen Halter und stört den Ablauf. Damit wir uns richtig verstehen, dies ist kein Fingerzeigen meinerseits, sondern eine etwas vereinfachte Darstellung der Ausgangssituation für die Zusammenarbeit mit neuen Klienten. Dass Sie mit Ihrem Hund noch eine Chance wagen, beweist, wie sehr Sie ihn liebhaben und sich mit ihm ein entspanntes Zusammenleben wünschen.

Allgemein belastendes Verhalten

Die häufigsten Problemverhalten, mit denen ich persönlich in meiner Verhaltenspraxis zu tun habe, sind Leinenreaktivität, Aggression gegenüber Mensch und Tier, verallgemeinerte Angst oder ein übermäßig erregtes und rastloses Verhalten, wodurch kein Training anschlagen kann oder nicht wirklich Fortschritte gemacht werden können.

Natürlich ist diese Auflistung nicht erschöpfend und umfasst lediglich die Themen, die ich in der Regel als belastend beschrieben habe. Es sind die Aspekte, die am meisten Stress bereiten – für den Hundehalter und seine Familie, für den Hund selbst für die Verwandtschaft oder Besucher. Der Hund zeigt das Verhalten auf der Gassirunde, in den Gruppentrainings, wenn Besuch kommt oder die Verwandtschaft oder Freundeskreis zusammenkommt. Kurzum, es gibt wenig Bereiche des Alltags, die so ablaufen können, wie man sich das vorgestellt hat oder wie es früher mal möglich war, bevor der betreffende Hund in der Familie war. Auch wenn sich die Klienten bereits mehrfach haben beraten lassen und einiges in ihrem Leben durch das Durchführen von Managementmaßnahmen umgestellt haben, kommt ein Punkt, an dem es nicht mehr weitergeht – vor allem bei Hunden, die für ihr Umfeld gefährlich werden können. Nicht nur im Alltag fühlen sich die Hundehalter eingeschränkt, sondern auch Urlaub, Ausflüge, Wanderungen sind so gut wie undenkbar.

Daher nochmals die Kernbotschaft dieses Buchs: Bei belastendem Verhalten sollte zuallererst das Schmerzthema geklärt werden.

„Symptomverhalten"

Diese Verhaltensweisen müssen an sich nicht unbedingt auf einen Schmerzzustand hinweisen. Sie sind in der Regel auch nicht der Grund, warum der Hund ins Training kommt, sondern sie sind Begleiterscheinungen, die meistens als Eigenarten des individuellen Hundes gesehen werden. Das können sie auch tatsächlich sein. Wenn sie jedoch in Zusammenhang mit größeren Problemen auftreten, wird man auch an diesen Verhaltensweisen sehen können, dass der Hund weniger darauf zurückgreifen muss, wenn es ihm besser geht. Ich denke hierbei an das häufige Wälzen, exzessiv nach Mäusen buddeln, obsessives Sammeln und Benagen von Holz, das panische Meiden des Geschirranlegens, das Einsteigen ins Auto zum täglichen Problem machen und so weiter. An sich müssen diese Verhaltensweisen nicht unbedingt eine rote Flagge darstellen, aber wenn sie vorkommen, behalte ich sie im Auge und schaue, ob sie weniger werden, wenn eine Therapie angefangen wurde.

Ein wenig am Stöckchen nagen ist nicht abnormal. Wenn es obsessiv wird, kann es ein „Joint" sein.

Das sind die Wirbel auf dem Rücken des nagenden Hundes.

„Satellitverhalten“

Ziemlich bald stellt sich im ersten Gespräch schon heraus, dass die meisten Hunde noch einige weitere Baustellen haben, die dennoch angesichts der sehr belastenden Verhaltensweisen in den Schatten geraten. Für mich sind sie wertvolle Indikatoren, denn sie machen das Bild komplett. Ich nenne sie gern „Satellitverhalten“, denn sie tauchen meistens im Umfeld größerer Verhaltensprobleme auf. Viele angstbezogene Verhaltensthemen gehören dazu: Trennungsstress, Geräuschempfindlichkeit, Ressourcen verteidigen, repetitive Handlungen, nicht gut Auto fahren, Appetitmangel, Jagdverhalten, Berührungsängste, die eine Behandlung unmöglich machen und so weiter. Auch diese bewirken für Hund und Halter, dass das Universum immer kleiner wird: bestimmte Aktivitäten werden einfach nicht mehr ausgeführt, der Hund läuft nur an der Leine und nur in bekannten Gebieten, wo niemand sonst spazieren geht und es keine Auslöser zu sehen oder zu hören gibt. Leider lösen diese Verhaltensweisen sich nicht immer automatisch auf, wenn die Hauptthemen bearbeitet werden, denn sie sitzen fest verankert im Verhaltensrepertoire – teilweise auch deshalb, weil sie dem Hund verstärkende Konsequenzen bieten, wie zum Beispiel das Jagen, egal in welcher Form. Auch hier wieder sind die von mir benannten „Satellitverhalten“ diejenigen, mit denen ich am häufigsten konfrontiert werde.

Stilles Verhalten, nicht bestehendes Verhalten

Gerade bei Schmerzen muss auch geschaut werden, was ein Hund nicht oder nicht mehr macht. Welche Situationen meidet er, wo blockiert er und was löst er auf seine Art und Weise? Läuft er Treppen, besonders offene Treppen nicht, oder nur sehr zögerlich oder umgekehrt sehr schnell? Zeigt er, dass er nicht Gassi gehen will und kommt er nicht, wenn Sie ihn dazu anziehen wollen? Bleibt er lange im Bettchen liegen am Morgen und steht er nur dann auf, wenn Sie ihn nach draußen bitten? Stoppt er das Ballspiel oder bricht er das Zerrspiel ab, rennt er erst gar nicht los? Turnt er nicht auf Baumstämmen herum, sondern schnüffelt er daneben? Meidet er offene Brücken und Stege oder enge Durchgänge und bleibt davor einfach stehen? Springt er nicht ins Auto? Steht er nicht auf, wenn er im Weg liegt und lässt er Sie über ihn hinweg steigen? Auch dies sind wiederum einige Themen, die vorkommen können. Achten Sie drauf, es kann natürlich sein, dass er etwas Zeit braucht und diese bisher nicht bekommen hat. Für mich sind all diese kleinen Indikatoren manchmal auch rote Flaggen. Wenn mehrere davon auftreten oder viele Kombinationen mit den anderen Verhaltensweisen bestehen, dann können sie für uns ein deutlicher Barometer sein.

Brücken sind meistens schmal, sie können offene Spalten haben und klingen auch anders. Das bereitet vielen Hunden mit Unsicherheiten im Körper oftmals richtig Probleme.

VIDEO

Aymo auf der Brücke

Hier können Sie sehen, wie vorsichtig Aymo die Brücke auskundschaften will.

VIDEO

Bolle auf der Brücke

Bolle hat einige „Macken“, eine davon sind Brücken und Stege. Treppen steigt er sehr behutsam und langsam. Eine weitere „Macke“ von Bolle ist, dass er sein Spiegelbild in geparkten Autos angreift. Im Video sehen Sie auch, dass Bolle die Hinterbeine ungleichmässig belastet.

Die DOGood FeelGOOD Matrix in der Schmerzthematik

Wir wissen ja, denn es haben schon sehr viele kluge Köpfe gesagt: Verhalten entsteht nicht in einem Vakuum, sondern es sind immer Umstände und Zustände, die als Auslöser für bestimmtes Verhalten dienen. Das ist, warum ich als Hilfsmittel bei der Anamnese meine DOGood FeelGOOD Matrix erstellt habe. Sie hilft mir, wirklich alle Aspekte des Hundealltags zu berücksichtigen, den Status Quo einzuschätzen und auch die weiteren Entwicklungen festzuhalten. Sie kann zusammen mit dem Hundehalter oder separat nur vom Hundehalter und zusätzlich vom Hundetrainer ausgefüllt werden. Sie kann einen daran erinnern, dass bestimmte Veränderungen und Anpassungen

© Katrien Lismont

1 = minimal / schlecht > 10 = maximal / ausgezeichnet *10 % = wenig > 100 % = viel*

im Leben des Hundes stattfinden sollten und zu schauen, wie die Auswirkungen dieser Veränderungen sind: sofort, kurzfristig und mittelfristig.

Die meisten der zwölf Bereiche können grundsätzlich auch gegen den Hintergrund einer Schmerzthematik betrachtet werden. Dies möchte ich hier einmal ausführen.

1 Allgemeiner Eindruck – körperlicher und emotionaler Zustand:

Hunde, die Schmerzen haben, haben einen bestimmten Gesichtsausdruck. Das ist sicherlich rasseabhängig unterschiedlich stark und deutlich zu sehen. Es hilft jedoch zu erkennen, wie es dem Hund geht, wenn man sich angewöhnt, regelmäßig ein Close-up-Bild vom „Gesicht" zu machen. Oftmals sind auch Asymmetrien an den Ohren und Augen zu sehen. Das Fell über den ganzen Körper sollte sich weich und locker anfühlen und möglichst wenig Wirbel und „Bürsten" aufzeigen. Die Augen sind klar und rund und der Hund kann sich geschmeidig und weich bewegen. Das Maul ist locker und weich und halb geöffnet. Ein geschlossenes Maul spricht für Anspannung.

Typisches Merkmal für ein Schmerzgesicht ist die nach hinten gespannte Kopf- und Gesichtshaut, wodurch die Augen mandelförmig werden und die Knochenstruktur knöcherner erscheint. Die Maulwinkel sind stark nach hinten gezogen und über den Augenbrauen erkennt man Falten oder eine Delle.

2 Schlaf, tiefe Ruhe:

Es ist so wichtig, dass Hunde ihr Schlafpensum bekommen. Es ist auch ein Element, das am meisten übersehen wird und ehrlich gesagt im Alltag auch nicht immer einfach einzuhalten ist. Gerade wenn Hunde am Abend oder tagsüber zwischen den Spaziergängen keine Ruhe finden, hat dies oft seine Ursache im Körper. Das kann selbstverständlich auch seinen Ursprung im Magen-Darmsystem finden oder im Juckreiz. Sehr häufig jedoch melden sich die Schmerzen, wenn der Körper zur Ruhe kommen will. Das äußert sich so, dass die Hunde sich permanent umlegen, einen anderen Liegeplatz suchen, ständig eine Beschäftigung oder Ablenkung suchen. Sie machen viel „Unfug", suchen häufig ständig eine „Beschäftigung" für die Zähne und richten immer irgendwo etwas an.

3 Verdauung:

Viele der Hunde, nahezu die Hälfte, die wegen eines auffälligen Verhaltens zu mir ins Training kommen, haben irgendwelche langwierigen Probleme mit der Verdauung: Durchfälle, Unverträglichkeiten, Probleme mit der Bauchspeicheldrüse. Oftmals sind die Ursachen recht vage, noch nicht ganz ausfindig gemacht worden und es wird noch mit einer recht einseitigen Fütterung versucht, daran etwas zu ändern. Das ist so weit auch legitim, aber zu oft fehlt mir eine konsequente und systematische Vorgehensweise, wodurch der Hund auf einem recht einseitigen Therapiefutter „hängen" bleibt. Für das Training bedeutet es, dass wir sehr eingeschränkt sind, was die Futterbelohnungen betrifft. Weiter zu diesem Thema geht es beim nächsten Element.

4 Appetit, Ernährungsqualität:

Gerade weil das Futter nur einseitig ist oder bestimmte Bestandteile dem Hund nicht guttun, wird dieser bald mäkelig. Es bringt die Hundehalter oft zum Verzweifeln und sie neigen dazu, recht ungeduldig – was verständlich ist – vieles auszuprobieren. Das macht meistens das Chaos noch größer, da man ja nicht weiß, wogegen man kämpft. Eine Untersuchung des Kots im Labor ist meistens der schnellste Weg zur Ursache. Eine Begleitung durch eine Hundeernährungsprofi hilft hier ungemein. Denn nicht nur ist das Training oftmals durch fade Leckerchen gebremst, sondern nun auch durch fehlenden Appetit. Dieser kann jedoch auch durch Dauerstress verursacht werden, und wenn der Hund chronische Schmerzen leidet, ist es keine Ausnahme, dass er einfach nicht an Gewicht zu- oder abnimmt, weil sein Verdauungssystem auf Sparflamme und nicht effizient läuft. Dauerstress schnürt den Appetit ab oder macht aus Futter einen Joint.

5 Bewegungsabläufe, Haltung, Gangbild:

Dieses Element beinhaltet selbstverständlich das deutlichste Warnsignal für Abweichungen im Skelett und um Bewegungsapparat. Schulen Sie Ihr Auge und beobachten Sie das Gangbild Ihres Hundes von vorne, hinten und von der Seite. Achten Sie auf Entlastungen und Asymmetrien. Machen Sie Bilder von seinen gewöhnlichsten Liege- und Sitzpositionen und schauen Sie natürlich auch, wie er den Körper, den Kopf, die Rute hält, wenn er steht und geht. Wenn es nach Entlastung und Schonung aussieht, ist es das meistens auch.

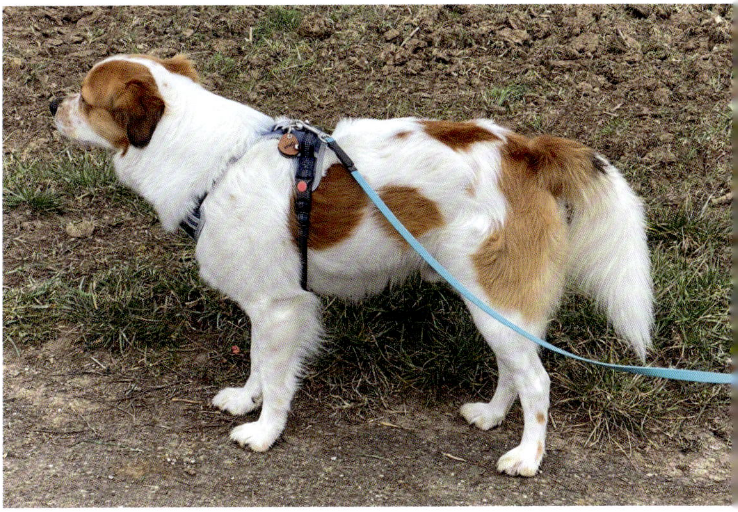

Aymo hat mehrere Schmerzquellen im Körper: Deutlich sichtbar ist die anormale Haltung der Vorderbeine, die von beidseitiger Arthrose in den Ellbogen herrührt und die Rute, die „halb“ herunterhängt (Übergangswirbel Grad 2) und Hüftgelenksdysplasie beidseitige Grad B/C. Außerdem gibt es Fellwirbel am hinteren Körper (s. S. 126).

6 Vertrauen im menschlichen Umfeld:

Nicht nur Erfahrungen mit Menschen aus einem vorigen Lebensabschnitt führen dazu, dass Hunde ängstlich und vorsichtig sind, sondern Unsicherheiten und Schwächen im Körper natürlich auch. Hunde, die Schmerzen haben, brauchen mehr Distanz, auch zu ihren eigenen Bezugspersonen. Ebenfalls brauchen sie im Umgang mehr Zeit, sich an gewisse Schritte des alltäglichen Umgangs zu gewöhnen. Training kann hier eine Menge Hilfe leisten, aber Geduld, Selbstwirksamkeit und Rituale sind wichtige Pfeiler. Versuchen Sie, nicht jedes Mal auf Angstreaktionen zu reagieren oder den Hund dazu zu überzeugen, seine Angst zu überwinden, sondern versuchen Sie vorrangig, diese zu vermeiden und ihm danach erst die Initiative zu überlassen. Distanzvergrößerung ist für Hunde, die ihrem menschlichen Umfeld noch nicht vertrauen, ein großer Verstärker. Gehen Sie sorgfältig damit um.

7 Ängstlichkeit:

Versuchen Sie zu vermeiden, das Etikett „Angsthund“ auf Ihren Hund zu kleben, denn Sie verbauen sich und Ihrem Hund somit häufig die Chance, aus dieser Lebenseinstellung wieder herauszukommen. Schauen Sie, dass er auf möglichen Schmerzen überprüft wird, helfen Sie ihm, schmerzfrei zu werden und dann werden Sie auch bessere Chancen haben, die Ängste und Unsicherheiten im Alltag abzubauen. Dies gilt auch für Geräuschangst oder Trennungsangst und sonstige Unsicherheiten in seinem Leben. Je nachdem, wie lange dieser Hund als „Angsthund“ durchs Leben geht, braucht man etwas Zeit, diese Verhaltensmuster umzukrempeln. Die Zauberformel für den Umgang mit einem ängstlichen Hund ist: Zeit, Raum, Selbstwirksamkeit, stetiger Aufbau in kleinen Schritten, Geduld, keineswegs jedoch Konfrontation, Verhaltenslöschung und Flutung. Chronische Schmerzen münden häufig in eine verallgemeinerte Angst, daher gehen diese beiden Phänomene oftmals Hand in Hand.

8 Selbstvertrauen, Resilienz:

Dies ist im Grunde genommen das Gegenteil von Angst und Unsicherheit. Es ist die Fähigkeit, mit stress- und angstauslösenden Momenten und Situationen umzugehen und / oder sich recht schnell davon zu erholen. Parallel dazu, dass man das Vertrauen im Leben aufbaut, sollte man in kleinen Schritten und mit viel Raum für Eigeninitiative seine Belastbarkeit ausbauen. Je stärker, vitaler und beweglicher sich ein Hund fühlt, desto besser kommt er auch mit Belastungen klar und desto weniger werden diese auf ihn nachwirken. Es ist genau das, was man mit dem „Sozialisierungstraining“ bewirken möchte, nur funktioniert die Stärkung der Resilienz nicht durch einmalige Konfrontationen mit einzelnen Auslösern. Ist der Hund wenig belastbar, braucht er berechenbare Abläufe, die keine Flexibilität voraussetzen. Es fehlt ihm noch die Resilienz. Auch dies kann aus chronischen Schmerzen hervorgehen.

Die Freework-Variante der Tellington TTouch® Bodenarbeit gibt dem Hund Selbstwirksamkeit bei den Bewegungen in der Figur und bietet Lernerfahrungen für den Körper, die Horizonte erweitern.

9 Ansprechbarkeit, ruhiges Verhalten:

Wenn Verhalten rastlos, chaotisch und nach sinnlos vieler Beweglichkeit aussieht, ist das letzte, woran die meisten Hundehalter und Therapeuten denken, dass diese übertriebene Ruhelosigkeit und Schnelligkeit auf Schmerzzustände hinweisen könnte. Ich denke zum Beispiel an eine mangelhaften Leinenführigkeit, bei der der Hund sich mit aller Macht trotz Leine und Person nach vorne bewegen will und zieht. Es sind auch Hunde, die einen sehr großen Radius haben, viel und schnell laufen möchten und als Folge ihrer Eskapaden sehr häufig nicht mehr von der Leine kommen. Zum einen kann man ihnen helfen, indem man zusammen ein neues ruhigeres Tempo beim Spazierengehen entdeckt und zum anderen muss man hier unbedingt die Schmerzthematik abklären – vor allem, wenn dies mit einer sehr schlechten Ansprechbarkeit einhergeht, kann ein stetiger Schmerzimpuls vorhanden sein. Wenn die Ansprechbarkeit in dieser Phase gar nicht vorhanden ist und dann wieder da ist, sollte man den Hund auf Kopfschmerzen untersuchen lassen.

> VIDEO
> Pepe im Stress
> *Pepe ist gerade nicht ansprechbar und weiß nicht wirklich wohin mit sich. Das Schnüffeln ist in meinen Augen sicherlich keine Geruchsaufnahme, sondern hier ein klares Stressverhalten.*

> VIDEO
> Pepe „Leise Leine“
> *Pepe in einem guten Moment bei der Übung „Leise Leine“*

10 Interesse an der Umwelt, Neugierde:

Interesse und ruhiges Erkunden setzen eine gewisse Offenheit und Bereitschaft voraus, neue Sachen und Objekte kennenzulernen. Damit haben Hunde, die Schmerzen haben, eher Probleme, wie wir bereits beschrieben haben. Hunde, die sich nicht so gut bewegen können, neigen dazu, ein immer kleiner werdendes Universum zu bekommen, denn sie trauen ihrem Körper nicht sehr viel zu. Auch wenn sie vielleicht eher viel laufen und rennen, werden sie nicht unbedingt Interesse für die Umwelt haben, sondern einfach nur laufen wollen. Es wäre in beiden Fällen eine große Hilfe für sie, wenn sie lernen würden, sich langsam und überlegt zu bewegen, zum Beispiel in der Bodenarbeit. Und natürlich muss man herausfinden, ob sich der Hund aufgrund von Schmerzen nicht für seine Umwelt interessieren kann.

⑪ Lernfähigkeit, Freude am Lernen:

Diese Fähigkeit hat logischerweise mit dem vorhergehenden Element und auch mit der Ansprechbarkeit zu tun. Wenn der Hund gern für eine Belohnung mitarbeitet und auch ohne Belohnung die Nähe zu seiner Person sucht, schnell Neues lernt und gut verallgemeinert, dann fühlt er sich wohl in seiner Haut. Hunde, die Schmerzen haben, je nachdem wo und wie stark, können entweder aufgrund mangelhafter Ansprechbarkeit gar nicht kooperieren oder nur für ganz kurze Dauer. Sehr häufig organisieren sich die Hunde eine Pause oder gar das Ende der Lernstunde, indem sie anfangen herumzuschnüffeln oder in die Ferne schauen, etwas hinterherjagen oder Übersprungsverhalten zeigen (sich kratzen, sich wälzen, in die Leine beißen oder etwas anderes, das zu seinem Repertoire gehört). Genau so wird man das beim Spiel erkennen können, deshalb frage ich gern, wie lange das Spielen geht (zum Beispiel das Ballspiel, das ich überhaupt nicht empfehle) und wer das Spiel abbricht. Auch wie der Hund das Spiel stoppt, ist oftmals interessant: mancher Hund läuft erst gar nicht mehr los, der andere bringt das Spielzeug nicht mehr zurück, noch ein anderer entfernt er sich damit oder fängt an es zu zerstören. Sehr häufig geschieht dies schon nach recht kurzer Zeit, wobei er dennoch jedes Mal beim neuen Spiel gern dabei ist.

⑫ Alleinebleiben:

Obwohl ich dieses Verhalten ein typisches „Satellitverhalten“ nenne und es auch zum Angstverhalten gehört, habe ich für dieses Thema in der FeelGOOD Matrix ein extra Element reserviert. Der Grund dafür ist, dass Trennungsangst für Hund und Familie eine enorme Belastung darstellen kann. Darüber hinaus ist es gerade auch für den Hund ein großer Stressor, denn wenn er allein bleiben muss, bedeutet das meistens mehrere Stunden Stress am Tag. Ich habe festgestellt, dass, wenn sich die Hunde in irgendeiner Art und Weise beeinträchtigt fühlen, sie häufig nicht gut allein bleiben können. Ihnen fehlen die innere Ruhe und die Selbstsicherheit. In der Erstberatung ist dieses Thema für mich eine deutliche rote Flagge. Allerdings gibt es Hunde, die chronische Schmerzen haben und sehr gut allein bleiben können. Keines von den Anzeichen, die ich hier und später im Buch schildere, weisen zwangsweise auf Schmerzen hin. Es ist eben das komplette Bild, das uns mehr Auskunft gibt.

Über weitere rote Flaggen schreibe ich in den folgenden Kapiteln.

Fallgeschichte Tayo

Tayo wurde in der tiefsten Coronazeit aus dem Tierheim adoptiert. Als sein Frauchen und Herrchen sich für ein Intensivtraining bei mir anmeldeten, war er gerade zwei Monate bei ihnen. Zwei Monate später kamen sie ins Training. Tayo war geschätzt drei bis vier Jahre alt und kam als Welpe aus Rumänien. Bereits in den beiden ersten Familien hatte er Bedrohung und Aggression gezeigt. Das war zweimal der Grund zur Abgabe gewesen. Danach verblieb Tayo einige Zeit im Tierheim, und als wir ihn abholten, bekamen wir diese begleitenden Informationen: Tayo hat Probleme bei Begegnungen (Hunde, Jogger, Radfahrer, Fußgänger), Tayo springt blitzartig aggressiv in die Leine und würde auch schnappen, Tayo hat Probleme mit Männern.

Auffällig waren von Anfang an die seltsamen Kopfbewegungen und die Stellung der Vorderbeine mit Zittern, immer wieder Humpeln vorne.

Die Abschlussuntersuchung des Tierheims ergab, dass eine Zehe am Vorderlauf gebrochen war. Zur Stellung der Vorderbeine wurde gesagt, dass dies genetisch bedingt sei, zu den eigenartigen Kopfbewegungen gab es keine Information.

Es gab als Anlage zu der Anmeldung bei mir, die nach zwei Monaten erfolgte, ein Extrablatt mit der Beschreibung von sieben Beißvorfällen, die jeweils an einen seiner jetzigen zwei Menschen gerichtet waren. So kam es, dass der Maulkorb zu Tayos Standardausstattung wurde. Die Stimmung war gedrückt – verständlicherweise, und in den zwei ersten Monaten vor dem Training wurde von Tayo bereits ein vollständiger CT-Scan durchgeführt. Dieser war gänzlich ohne Befund. Danach wurde Anfang April eine Intensivwoche bei mir gebucht. Diese verlief mit vielen Tiefs und auch einigen Hochs. Tayo hatte viele Verhaltensbaustellen und hatte das Leben seiner Menschen in den paar Monaten bereits gehörig auf den Kopf gestellt. Am schlimmsten waren seine Beißattacken und die vielfältigen Situationen, in denen er drohte. Hierdurch wurde der ganze Umgang mit ihm sehr unsicher und man tanzte quasi um Tayo herum.

Im Erstgespräch versuchte ich durch gezieltes Nachfragen herauszufinden, ob man die Beißattacken mit irgendeiner Antezedenz in Verbindung bringen könnte. Auf den ersten Blick war das nicht der Fall, denn sie passierten immer mal anderswo in und um das Haus. Immer, wenn ich etwas über richtiges Zubeißen höre, kann ich mich nicht von dem Gedanken befreien, dass Schmerzen im Spiel sind. Dennoch stand hier der absolute negative CT-Befund im Raum. Einen gleichen Nenner gab es aber dennoch, und der präsentierte sich erst, als wir beim Thema Gassi – Strecken, Dauer, wie oft, wie lange – angelangt waren. Es wurden gern längere Runden gelaufen, die er auf erstem Blick tapfer durchhalten konnte. Manchmal. Wenn er danach einige Stunden allein bleiben musste (was er sehr gut konnte), wurde eine extra lange Runde von zwei Stunden gelaufen. Tatsächlich ereigneten sich die Beißvorfälle ausnahmslos nach den längeren Runden. Da war für mich die körperliche Komponente nicht mehr zu ignorieren. Sicher spielt auch die mentale und emotionale Belastung draußen eine Rolle, aber die Hitzigkeit seiner Reaktionen führten mich immer auf den körperlichen Aspekt zurück.

Wir verabschiedeten uns aus der Intensivwoche mit dem Plan. Die gelernten Übungen umzusetzen, den B.A.T. Umgang zu verinnerlichen und auf jeden Fall Tayo nochmals in einer Tierarztpraxis vorzustellen, mit der über eine Schmerzausschlusstherapie gesprochen werden konnte. Dies geschah auch. Durch die Schmerzmittel wurde Tayo weicher, ruhiger, es wurde weniger gedroht und nicht mehr zugebissen. Das ging knappe zwei Monate gut, bis Tayo durch die Schmerzmittel Magenbeschwerden bekam. Diese Schmerzen warfen ihn so weit zurück, dass es wieder zu einem heftigen Beißvorfall kam und die Situation für seine Menschen aussichtslos und traurig war. Es musste eine andere Lösung gesucht werden, nur wohin mit Tayo? Es war ein sehr emotionales Gespräch für alle Beteiligten, das aber dennoch in das Vorhaben mündete, Tayo noch eine Chance zu geben und ihn bei Dr. Patrick Blättler vorzustellen. Hut ab für seine Menschen.

Hier folgt nun der Verlauf der medizinischen Begleitung von Tayo:

Antrag und Problemstellung: Check up des Bewegungsapparates, vor allem Schulter, Nacken und Vorderläufe. Öfter Hinken vorne, nach außen drehen der Vorderläufe vor allem im Sitzen, seltsame Kopfbewegungen (Kopf-Nackenschmerzen?) in Verbindung mit Verhaltensauffälligkeiten, Aggression, auch Schnappen und Beißen.

Auf Empfehlung wurde eine Osteopathin besucht, die ihn nur kurz untersuchen konnte, dann stellte er sie und sie konnte nicht mehr an ihn ran.

Von dieser tierärztlichen Osteopathin wurde ein kompletter Check in der Tierklinik vorgenommen. Wie bereits beschrieben, hatte die CT-Untersuchung keinen Befund und somit keine Erklärung für das aggressive Verhalten von Tayo ergeben.

Erstmal gab es weiteres entspannendes Training und Vertrauensaufbau mit Phasen ohne Vorkommnisse.

Dann kam es wieder zu Beißvorfällen und deshalb Kontaktaufnahme zu Katrien Lismont.

Diverse Therapieversuche mit verschiedenen Medikamenten zeigen keine Verbesserung, zusätzlich pflanzliche Medikamente brachten ebenfalls keine Veränderungen

Ab Mai fraß Tayo vermehrt Gras, am 20.05.22 hatte er erbrochen und abends kam ein Beißvorfall aus dem Nichts. Daraufhin wurde ein Magenschutz verabreicht, wodurch die Magenprobleme besser wurden, jedoch kam es zu weiteren Vorfällen im Haus. Es kann vermutet werden, dass die Magenprobleme vom NSAID-Schmerzmittel hervorgerufen wurden.

Weiterhin gab es immer wieder Phasen, in denen Tayo humpelte. Es gab auch Schwierigkeiten beim Aufnehmen von Leckerchen vom Boden, wobei er die Vorderbeine breitstellen musste wie eine Giraffe beim Trinken.

Daraufhin wurde Tayo beim Neurologen vorgestellt. Hier erfolgte nach Vorlage der CT-Ergebnisse keine Diagnose oder Erklärung. Es wurde ein Antiepileptikum / Anxiolytikum (ein Mittel, das gleichzeitig epileptischen Anfällen vorbeugt und Angst lindert) empfohlen.

Das NSAID sollte abgesetzt werden, die homöopatischen Schmerzmittel konnten weiter gegeben werden.

Die Situation wurde nicht besser und es erfolgte ein solch überraschender Angriff, dass vor lauter Verzweiflung die Euthanasie im Raum stand. Als letzter Versuch wurde Tayo in meiner Praxis OrthoVET vorgestellt.

Nach der ausführlichen orthopädischen und neurologischen Untersuchung konnten diverse Schmerzregionen bestätigt werden:

- Die Cauda equina-Region als der hintere Rückenteil inklusive Becken
- Die Halswirbelsäule mit Kopfhinterhaupt
- Kopf-Augenbereich linksseitig (Clusterschmerz)

Nach der Untersuchung stellt sich die Frage des weiteren Vorgehens:

1) MRT von Kopf / Halswirbelsäule

2) Verhaltenstierärztin mit Einsatz von Psychopharmaka

3) Beginn der Schmerztherapie der orthopädischen Symptome sowie des Clusterschmerzes

Aus den bisherigen Erfahrungen entschieden sich die Besitzer für Variante 3. Es wurde weiterhin sehr behutsames Management betrieben. Der Besuch der erwachsenen Kinder ist ohne Probleme vonstatten gegangen, was für Tayos Menschen eine eine große Erleichterung war. Endlich Licht am Ende des Tunnels und vor allem die Gewissheit, dass Tayo sich nun besser in den Alltag integrieren kann.

Vorsichtig wurde mit Tayo weiter geübt, was alles so zu seinen Verhaltensthemen gehört hat. Der Winter mit den Familienbesuchen wurde auch gut durchgeplant und mit ausgeklügeltem und balanciertem Management ohne Vorfälle überstanden. Im März des darauffolgenden Jahrs konnte Tayo mit seinen Menschen einen Strandurlaub in Frankreich verbringen und seine Resilienz war bis dahin so gut gefestigt, dass es keine Vorfälle gab. Auch die Spaziergänge am Strand konnte er körperlich gut schaffen, und obwohl wir im Tayos Fall gerne vorsichtig bleiben, kann man doch sagen, er hat seine Chance mit zwei Pfoten angenommen und niemand hat die Entscheidung bereut. Zu der Zeit haben sich viele seiner Baustellen aus dem Alltag herausgeschlichen:

- Er geht kaum mehr nach vorne, wenn ihm im Auto die Box zugemacht wird.
- Er knurrt noch ganz selten, wenn seine Menschen durchs Haus laufen und bleibt dabei liegen.
- Seine Menschen können jetzt nahe aneinander sitzen und am gleichen Tisch essen.
- Es hat keine Beißvorfälle bei fremden Menschen gegeben.
- Er liegt viel entspannter in seinem Körbchen, kann dort liegen bleiben oder wechselt auch mal in ein Körbchen im anderen Raum.
- Die Katzen reizen ihn viel weniger als früher.
- Er pöbelt Radfahrer kurz an statt hinterherjagen zu wollen.
- Tiere auf einer Koppel bereiten ihm keine Probleme mehr.
- Radfahrer, Jogger, Rollerfahrer oder Spaziergänger werden zu 90% toleriert, 10% bellt er an.
- Hundebegegnungen im Freilauf sind kein Problem, an der Leine kommt es etwas auf den anderen Hund an.

- Im B.A.T. Begegnungstraining ist er geradezu souverän und löst alle Situationen auf eigene Faust oder mit einer kleinen Ausweichhilfe seiner Person.

- Der Appetit fürs Hauptfutter ist noch nicht ganz gut, aber Leckerchen nimmt er immer.

- Er buddelt kaum noch, wälzt sich viel weniger. Spuren verfolgt er noch gern aber weniger als vorher und Schnüffeln macht er noch viel.

Da hat sich eine Menge verändert und genau an den kleineren „Symptomverhaltensweisen“ kann man eine Menge Verbesserung erkennen: ein Hund, der sich weniger wälzt, hat wahrscheinlich weniger Verspannungen, ein Hund, der kaum noch hinter Mäusen her buddelt, braucht weniger „Joints“. Das ist die Detektivarbeit, die bei der Verhaltensanalyse zum Tragen kommt. Seit Jahren mache ich das so, und ich lag noch nicht oft falsch. Mit der richtigen medizinischen Begleitung führt dies in den allermeisten Fällen zu einem Erfolg.

Die Reise von Tayo und seinen Menschen ist nicht zu Ende, wie wir vor einem Jahr befürchtet mussten. Heute sind die Aussichten sehr gut und es hat sich alles gelohnt.

Tayo am Anfang des Trainings im April 2022.

Tayo nach Training und therapeutischen Maßnahmen im Februar 2023 mit deutlich entspannten Gesichtszügen.

Auch wenn seine Sitz- und Stehhaltungen noch bedenklich aussehen, hat sich bei Tayo in einem Jahr eine Menge getan: das Fell am Nacken ist glatt, er trägt den Nacken entspannter, seine Augen sind runder, sein Gesicht entspannt, und vor allem: sein Verhalten ist so viel anders.

4. Schmerzen – die medizinische Sicht

Schmerztypen und Terminologie

Somatischer Schmerz

Der somatische Schmerz stammt grundsätzlich aus Haut, Unterhaut, Muskeln, Knochen, Bändern und Sehnen. Der viszerale Schmerz hingegen stellt den Schmerz dar, der aus der Bauchhöhle entspringt und somit die Organe der Bauch- sowie der Brusthöhle repräsentiert. Hierzu gehören Herz, Lunge, Leber, Darm, Milz, Magen, Nieren, aber auch Blase. Der somatische Schmerz lässt sich weiter in einen Oberflächenschmerz und einen Tiefenschmerz unterteilen. Der Oberflächenschmerz bezieht sich vor allem auf Haut und Unterhaut, ist also klar lokalisierbar und scharf begrenzt. Der Tiefenschmerz kommt aus den Knochen, Muskeln, Gelenken und dem Bindegewebe, ist weniger leicht zu lokalisieren und kann bei hochgradigen Schmerzen oft von vegetativen Symptomen wie Ganzkörper- oder Muskelzittern beispielsweise in der Hinterhand, Schwitzen und Übelkeit begleitet sein.

Viszeraler Schmerz

Beim viszeralen Schmerz findet die Schmerzwahrnehmung in den Organen statt, vor allem in der Brust und in der Bauchhöhle, aber auch in der Beckenhöhle – und damit zusätzlich in der Blase oder, beim Rüden, in der Prostata. Der viszerale Schmerz geht mit starken emotionalen, also affektiven und autonomen Reaktionen einher. Dazu gehören je nach Schmerzgrad Schwitzen, das Ansteigen oder Veränderungen von Blutdruck und Herzfrequenz. Dies muss aber nicht immer zutreffen. Es kann jedoch durchaus ein starker Schmerz bestehen, während keines dieser Symptome feststellbar ist. Zugleich ist es aber auch möglich, dass ein Hund nur wenig Schmerzen hat, dabei aber deutliche Symptome zeigt. Als ein bekanntes Beispiel erweist sich in diesem Kontext die Kolik, von der allgemein bekannt ist, wie stark die ihr zugrundeliegenden Bauchschmerzen sind. Bei dieser handelt es sich um einen viszeralen typischen Schmerz aus der Bauchgegend, der von Herzrasen, Schwitzen, Übelkeit und kalten Schauergefühlen begleitet sein kann. Beim Hund stellt die Magendrehung auch einen viszeralen Schmerz dar, da sich der Magen zunächst mit Gasen füllt und anschließend dreht. Der betroffene Hund wird sofort ruhig, apathisch, die Schleimhäute verfärben sich weiß und werden blass. Er zeigt eine Unwilligkeit, sich zu bewegen, bzw. seine Position zu verändern und einen aufgezogenen Rücken, als würde er unter Rückenschmerzen leiden.

Akuter Schmerz

Schmerzen, die zeitlich entweder sofort nach einem Ereignis, Unfall oder Operation oder als wiederkehrende Schmerzen mit und nach einem Auslöser auftreten. Als Beispiel Migräne, die wiederkehrend kurz auftritt oder eine Prellung nach einem Zusammenstoß. Wenn wir es wahrnehmen, können wir dem Hund dafür behandeln lassen und ein Schmerzmittel verabreichen und nach einiger Zeit ist der Schmerz vorbei.

Chronischer Schmerz

Diese Definition ist ausschließlich zeitlich zu verstehen: beim Menschen sind dies sechs Monate, beim Hund gilt dies ab drei bis vier Monaten, somit früher. Wichtig ist zu erkennen, dass ein chronischer Schmerzzustand nicht a priori ein neuropathischer Schmerz ist und somit mit entsprechenden Medikamenten zu behandeln ist. Man sollte weiter unterscheiden, ob es ein Bewegungs- oder Belastungsschmerz ist, also ein Schmerz, der vor allem mit Aktivität im Zusammenhang steht oder eher ein Ruheschmerz, der vor allem beim Liegen auftritt und aktiv wird. Beim Hund manifestiert sich dies vor allem nachts, dann wechselt er öfter seinen Schlafplatz, wandert herum und weckt dadurch auch den Besitzer. Dies führt dazu, dass der Hund dann in häufigen Fällen in der Praxis vorgestellt wird, weil er seinen Menschen den Schlaf raubt.

Chronifizierter Schmerz

Dies ist ein chronischer Schmerz, also länger anhaltend, der auf der körperlichen, psychischen und sozialen Ebene seine Auswirkungen hat. Der Hund kann Angst oder Aggression zeigen, verminderte Aktivität und Inappetenz und zu guter Letzt möchte er nicht mehr auf den Spaziergang und zieht sich zu Hause ebenfalls zurück. Solche Phänomene können vom Hundehalter dem fortschreitenden Alter zugeschrieben werden, was nicht richtig ist. Dies bedeutet für den Hund auch, bei langanhaltendem Schmerz im Rücken, zum Beispiel an einer Bandscheibe oder durch einen Übergangswirbel, dass die Bewegung angepasst wird. Der Hund hat zu wenig Schubkraft in der Hinterhand und kompensiert dies über einen Pull-Move (also eine Ziehbewegung) der Vorhand. Die beiden Schultergliedmaßen verrichten nun Statik und Dynamik in einem. Normal wäre es, dass die Vorderhand für die Statik verantwortlich ist und die Hinterhand für die Dynamik. Dies ist tägliches Brot bei mir in der Praxis. Für den Orthopäden ist somit diese Fehl- und Überlastung im Fokus und es ist ganz wichtig, diese zu erkennen und zu behandeln.

Allodynie

Schmerzauslösung durch taktile Prozesse (Berührung), die beim gesunden Hund keine Schmerzen verursachen. Der Begriff sollte nur bei mechanischen Schmerzprozessen verwendet werden. Oft wird die Allodynie beim Hund als gesteigerte Reaktion beim Fellbürsten und / oder beim Streicheln über den Rücken verwendet. Man sollte es nicht verwechseln mit normalen zuckenden Reaktionen, zum Beispiel dann, wenn eine Fliege auf dem Rücken landet.

Belastungsschmerz

Schmerzen, die unter der Belastung und vermehrter Aktivität entstehen, mehrheitlich in der Bewegung. Diese können einen tageszeitlichen Verlauf aufweisen und zwar so, dass in der Regel abends – also nach Belastung – der Schmerz stärker wird.

Bewegungsschmerz

Wenn die Bewegung zu Schmerzen führt – vor allem bei Hüft- und Ellenbogendysplasie, weil bei deren Gelenken eine Arthrose entsteht.

Neuralgie

Schmerzen in einem oder mehreren Nerven in einem Versorgungsgebiet, als gutes Beispiel Trigeminus-Neuralgie im Kopf.

Neuropathischer Schmerz

Schmerzen durch Störung und oder Erkrankung mit Affektion des somato-sensorischen Systems, also bei Erkrankungen des Nervensystems.

Arthroseschmerz

Per definitionem ist der Arthroseschmerz dadurch gekennzeichnet, dass er beim Einlaufen da ist, unter Belastung dann besser wird und vor allem wieder bei starker Überlastung zum Tragen kommt. Beim Hund mit einer Hüftarthrose zum Beispiel ist dies nach gut einer Stunde oder etwas mehr der Fall. Die Arthrose ist wohl ein chronischer Schmerz (seit längerer Zeit vorhanden) und hat eine chronifizierende Tendenz (Folgeauswirkungen als Beispiel auf die Bewegung). Ich möchte noch einmal betonen, dass hier der Einsatz von Antiepileptika und Mittel für Neuropathien nicht richtig ist, da Arthrose weder das eine noch das andere ist. Arthroseschmerzen stehen in der orthopädischen Praxis auf der Tagesordnung.

Schmerzgedächtnis

Dieser Begriff wird oft falsch verstanden und im Zusammenhang mit chronisch gesetzt. Darunter versteht man zentralnervöse, funktionelle und morphologische Reaktionen auf Schmerzreize. Dies sind somit zentralnervöse Reaktionen und Verschaltungen im Hirn, vor allem auch dann, wenn die peripheren Schmerzreize nicht mehr vorhanden sind, feuern diese Schmerzimpulse weiter im Hirn.

Schmerzen, Verhalten, Krankheit – holistisch betrachtet

Schmerz ist nach der Definition der „Internationalen Gesellschaft zum Studium des Schmerzes“ (IASP) ein unangenehmes Sinnes- und Gefühlserlebnis, das mit aktueller oder potenzieller Gewebeschädigung verknüpft ist. Der Schmerz übernimmt eine funktionelle Aufgabe: er warnt den Körper vor einer möglichen Schädigung. Orthopädisch kann man eine Fehl- und Überlastungsproblematik am Beispiel eines angerissenen processus coronoideus (Ellenbogendysplasie) betrachten. Die Rezeptoren (Fühler) von Gelenken, Sehnen, Bändern und Muskeln zeigen eine veränderte Bewegung (Dynamik) oder eine Fehlstellung (Statik) an. Diese Sensoren geben Signale als Schmerzen weiter, damit der Körper dies korrigieren könnte. Dies ist aber oft nicht möglich. Im oben aufgeführten Beispiel hinkt der Hund nur beim Aufstehen, zeigt aber auch eine Entlastungshaltung der betroffenen Gliedmaße. Da der Knochenfortsatz nur angerissen ist, müssen nicht mehr Symptome da sein, um ein abweichendes Gangbild beobachten zu können. So sieht dies in der Praxis oft aus.

Das **Verhalten** beschreibt nun die Art und Weise, wie der Hund mit der Umwelt interagiert. Diese Interaktion ist eine Sammlung von Erfahrungen und der Persönlichkeit sowie von anderen Umweltfaktoren, die die Persönlichkeit prägen und geprägt haben. Dazu gehören natürlich Krankheit und Schmerz, aber auch das Umfeld, in dem der

Hund geboren und aufgewachsen ist und in dem er nun lebt. Der Schmerz ist ein Einfluss, ein endogener Faktor, der den Charakter und seine Art mit der Umwelt zu interagieren beeinflusst.

Schmerz kann sich in vielen Facetten äußern: Es kann sein, dass der Patient eine Lahmheit zeigt, dass sein Körpergeruch stark ausgeprägt ist (vor allem bei Problemen in der Wirbelsäule) oder dass er keinen vitalen Appetit hat und beim Fressen mäkelt. Das alles sind Symptome, die in der normalen Tierarztpraxis oftmals genauso wenig mit Schmerzen in Verbindung gebracht werden wie das schwierige Verhalten. Dieses wird meistens nur mit Erziehung, Lebensumständen, Prägung und Wesen des Hundes verknüpft, aber nicht mit dem, was womöglich bereits länger im Körper vor sich geht.

Wenn man den Hund nur durch die strukturelle Brille betrachtet – nämlich sich nur fokussiert auf die Arthrose, Spondylose oder eine degenerative Bandscheibe – dann übersieht man die funktionellen Veränderungen im Skelettsystem, die für die Schmerzen verantwortlich sind und den größten Teil davon ausmachen. Denn es sind oftmals die Form-Funktions-Veränderungen mit Asymmetrien im ganzen Gebäude, die dem Hund Schmerzen bereiten.

Krankheit kann als ein Prozess mit verminderter Leistungsfähigkeit, verminderter Funktionalität von Skelett, Haut und inneren Organen, aber auch Persönlichkeit und Psyche betrachtet werden. Die Krankheit ist also eine Betriebsstörung im Organismus, eine Blockade im System, die als anormal oder als Querschießer im Organismus definiert ist. Wir verstehen alle aus eigener schlimmer oder weniger schlimmer Erfahrung, was Krankheit bedeutet, da wir dies bereits selber erlebt haben: man fühlt sich geschwächt, energielos und ohne Antrieb und Motivation. Man ist zu müde für alles und möchte nur schlafen. Dies ist wichtig, sich in Erinnerung zu rufen, denn so fühlt sich auch der Hund. Er gibt dies auch klar zu verstehen, und zwar in Hundesprache je nach Rasse und Disposition der eine sanft und leise, der andere unmissverständlich und laut.

Zur genauen Differenzierung muss man auch organische, hormonelle, infektiöse, orthopädisch-neurologische, genetische, allergische und autoimmune Ursachen auf dem Bildschirm haben. Diese sollten immer mit einer Check-Liste abgeklärt werden, um nicht einzelne Aspekte zu vergessen. Vergiftungen oder Ablagerungen in Organen oder Nervengewebe sollte ebenfalls in Betracht gezogen werden.

Deshalb ist es wichtig, den Schmerzprozess aus der generellen Optik zu betrachten, um die ineinandergreifenden Prozesse beim Verhaltenspatienten ebenfalls zu verstehen. Daraus und gerade deshalb lässt sich dann auch ein Krankheits- und Schmerzmodell entwickeln, dass dem Tierarzt oder Ihnen als Hundebesitzer helfen kann, den Schmerzprozess zu erkennen und die notwendige Diagnostik und Therapie einzuleiten.

Der wichtigste Punkt zum Mitnehmen aus diesem Kapitel ist: Bitte denken Sie immer funktionell, denn der Schmerz ist funktionell. Er hat kein eigentliches Schmerzorgan oder eine Struktur. Der Schmerz ist eine Empfindung, die individuell ist, also von Hund zu Hund verschieden. Es ist eine Beeinträchtigung, eine Störung, eine Unterbrechung. Vereinfacht ausgedrückt, das Zahnrad knirscht oder läuft unrund.

Wenn man Hunde mit Schmerzen verstehen möchte, ist das die wichtigste Voraussetzung, denn er ist weitaus mehr als das hinkende Hinterbein oder eine insuffiziente Niere. Betrachten Sie den ganzen Hund, wie er dasteht, sich verhält, wie er sich bewegt – gerade dies ist eines der wichtigsten Leitsymptome – wie er Signale aussendet und überlegen Sie sich immer, wie die Symptome, die Sie erhoben haben, orthopädisch neurologisch verknüpft sind. Wo werden Aktivitäten geregelt und motorisch unterstützt? Denken Sie an das Video und die Röntgenbilder des Rottweilers in der Einleitung.

Die Geschichte von Leonor – auch Menschen wollen als Ganzes betrachtet werden

Vor einiger Zeit kam eine neue Kundin mit ihrem elfjährigen Golden Retriever zu mir, der wegen Problemen in der Hinterhand vorgestellt wurde. Wie gewohnt habe ich ihn gründlich untersucht (zur Vorgehensweise siehe den nachfolgenden Abschnitt über die Anamnese) und eine Diagnose mit anschließender Therapieanordnung abgegeben. Am Ende dieser Sprechstunde bat mich die Besitzerin noch um einen persönlichen Gefallen, den ich ihr natürlich gern getan habe. Sie erzählte mir von ihrer neunjährigen Tochter, die seit einigen Monaten Schmerzen im Magen-Darm-Bereich hatte. Sie musste meistens eine Stunde nach dem Essen erbrechen. Neben den körperlichen Symptomen zeigt das Kind auch Stresssymptome und ist zum Teil mürrisch, schlecht gelaunt und lustlos. Spiele mit den anderen Kindern mag es weniger und ist somit auch weniger fröhlich. Sämtliche Untersuchungen beim Kinderarzt sowie auf der Pädiatrie im Kantonsspital blieben ohne Besserung. Alle erdenklichen Daten vom Labor über die Radiologie und Ultraschall des Bauches bis zu einer Gastro-Enteroskopie wurden abgefragt und durchgeführt. Meine Kundin bekam keinen Befund, der die Schmerzen und das Erbrechen erklären würde, was sie natürlich sehr beunruhigte. Sie meinte, nachdem sie meine Vorgehensweise bei ihrem Hund beobachtet hatte, dass ich einen neuen Ansatz haben könnte, der auch ihrer Tochter helfen könnte. Darauf antwortete ich: „Natürlich, wenn ihre Tochter ein Junghund wäre und mein Patient wäre, hätte ich schon eine Lösung. Es scheint offensichtlich kein strukturelles Problem zu sein, wenn alle diagnostischen Untersuchungen ohne einen pathologischen Befund geblieben sind. Somit ist die Ursache des Erbrechens und der Schmerzen funktionell. Die Ursache liegt in der viszeralen Innervation des Magen-Darm-Bereichs und somit allenfalls in der Wirbelsäule." Ich habe der Kundin die Zusammenhänge erklärt und ihr geraten, einen Osteopathen aufzusuchen, der ihre Tochter behandeln kann. Sechs Wochen später ist sie mit dem Hund zur Kontrolle gekommen. Dem Hund ist es gut ergangen und haben seine alte Vitalität und Beweglichkeit erlangt. Dafür war die Besitzerin sehr dankbar. Am Ende dieser Sprechstunde hat sie mir eine Zeichnung von ihrer Tochter überreicht und sich für die Hilfe für ihre Tochter bedankt. Sie hat meinem Rat befolgt und nun waren das Erbrechen und die Schmerzen im Magen praktisch weg, sie kamen nur noch vereinzelt vor. Auch die Lebensfreude ist zurück. Die Mutter war überglücklich über die Verbesserung. Diese Geschichte bestätigt einmal mehr, wie wichtig es ist, das Wesen funktionell zu betrachten und Physiologie, Biomechanik, Neurologie sowie internistische Medizin interdisziplinär zu vereinen, und zwar dann, wenn der Patient vor einem steht.

Die Anamnese als Grundlage

Wenn wir Hunde als Schmerzpatienten oder mit chronischen und chronifizierten Lahmheiten in der Praxis vorgestellt bekommen, ist ein Faktor bei der Untersuchung limitierend: Die Zeit. Diese Patienten sprengen das Raster einer normalen Sprechstunde, wenn man sie professionell und erfolgreich aufarbeiten möchte. Doch Zeit ist in der normalen Kleintierpraxis meistens zu wenig vorhanden. So dauert eine normale Sprechstunde knapp zehn Minuten. (Flocke et al. 2001, Robinson et al. 2014). Dies sollte zu denken geben.

In einer orthopädischen Sprechstunde bei mir dauert die visuelle Gangbildbeurteilung im Freien inklusive Video je nach Dauer und Art des Lahmens bereits gute zehn Minuten. Eine ausführliche Anamnese (Erhebung der Vorgeschichte) des Hundes kann gut und gerne nochmals so lange dauern. Das bedeutet, dass je nach Intensität des Problems und nach Dauer der Krankheitsgeschichte schon mindestens zwanzig Minuten vergehen.

Wenn nun der Hund untersucht wird, sollte nicht nur die betroffene Gliedmaße untersucht werden, sondern auch die anderen drei Gliedmaßen, die Wirbelsäule und vor allem auch der Kopf. Außerdem gehört zu jeder klinisch-orthopädischen Untersuchung auch die neurologische Untersuchung. Diese Prozedere dauern ebenfalls und sollten auch sofort notiert werden, damit die Befunde nicht vergessen werden. Der nächste Punkt, der zu beachten ist: Bei jeder Untersuchung muss der Hund gründlich orthopädisch manuell untersucht werden, sprich er muss berührt werden, die Gelenke müssen bewegt und mit den gegenüberliegenden Gliedmaßen verglichen werden. Dies setzt voraus, dass der untersuchende Tierarzt die Fertigkeit hat, orthopädische manuelle Befunde zu erheben. So sollten zum Beispiel bei einer Kniepathologie der Schubladentest, die Tibia-Kompression sowie der Tibia-Pivot-Test durchgeführt werden. Leider wird oft berichtet, dass der Hund trotz Vorstellung in einer Tierarztpraxis nicht gründlich untersucht wurde und dass auch das Gangbild draußen nicht beobachtet wurde.

Dafür wird oftmals der apparativen Diagnostik den Vorrang gegeben: Röntgen, CT oder MRT, aber auch Labor und Ultraschall gehören dazu. Ich habe das noch anders gelernt: Zuerst wurde der Hund untersucht und es wurde eine Liste mit Differentialdiagnosen erstellt. Im Anschluss wurde überlegt, wie aus dieser Liste von möglichen Erkrankungen eine korrekte Diagnose erstellt werden kann und anhand dieser wurden erst die verschiedenen Optionen der apparativen Diagnostik durchgeführt. So konnte Zeit und Geld für den Besitzer gespart werden.

Gerade um den Zeitfaktor etwas unter Kontrolle zu halten ist es sinnvoll, bei Patienten für eine Schmerzsprechstunde oder bei Patienten mit einer chronischen Lahmheit im Vorfeld einen Fragebogen zu versenden, um die Anamnese zu erheben. Es braucht zwar ebenfalls Zeit, diese Fragen zu eruieren und die Konsequenzen daraus abzuleiten, aber dennoch ist man bereits auf diesen Patienten vorbereitet und kann dann gezielt die Untersuchung planen. Die professionelle internistische und orthopädisch-manuelle Untersuchung kann dann unter einem anderen Blickwinkel durchgeführt werden. Es gibt aber noch andere Möglichkeiten, die Untersuchung möglichst rationell und effizient zu gestalten. Auf diese Punkte werden wir später in diesem Buch weiter darauf eingehen.

Die „multimodale Schmerztherapie" ist heutzutage ein geflügeltes Wort: es klingt gründlich und suggeriert dem Patientenbesitzer eine integrale Schmerztherapie, was so auch korrekt ist. Jedoch beginnt die multimodale Schmerztherapie bei der Diagnostik, bei der Anamnese und bei den Zusammenhängen, bei der Entstehung von Erkrankungen und dessen Regulation oder besser der Entgleisung dieser Prozesse. Diese können zum Teil zeitlich unabhängig sein und für den Arzt / Tierarzt / Schmerztherapeut fernab liegen und deswegen übersehen werden. Mit einem Paradigmenwechsel in der Schmerzanalyse und -diagnostik kann die multimodale Schmerztherapie auch richtig realisiert werden. Also auf zu neuen Ufern.

Nozizeption: Die Wahrnehmung von Schmerzen – Alarmzeichen und falsche Freunde

Das Thema der Schmerzdiagnostik beim Hund, insbesondere im Zusammenhang mit dem Verhalten, erfordert eine Auseinandersetzung mit den Grundlagen der Schmerzperzeption bzw. der Nozizeption. Grundsätzlich gilt dabei, dass Anzeichen von Schmerzen zu den häufigsten Gründen für die Vorstellung des Hundes in einer veterinärmedizinischen Praxis gehören. In einem solchen Fall kann es sich etwa um eine orthopädische Situation handeln, bei der Beschwerden wie Hinken (Lahmheit), Rückenschmerzen oder ein aufgezogener Rücken dem Tier den Alltag erschweren. Gleichsam lassen sich auch andere Symptome wie Angst oder Aggression feststellen, Geräusch- und Lichtempfindlichkeit, deren Verbindung zu Schmerzen genau abgeklärt werden muss. Unbehandelte Schmerzen induzieren neben den Schmerzen per se auch weitere negative Folgen. So ist zu beachten, dass der Schmerz grundsätzlich eine

Stressantwort des Körpers darstellt, die zu endokrinen Ausschüttungen von Hormonen – in erster Linie des Cortisols – führt. In einem späteren Kapitel beschreibe ich, wie es durch die Hypercortisolämie oft zu einer Verwechslung mit dem Cushing-Syndrom kommt. Wie auch immer, dieser Zustand wiederum zieht eine verminderte Immunreaktion des Körpers nach sich, wodurch der schmerzbetroffene Hund in der Regel anfälliger für weitere Erkrankungen wird, zum Beispiel durch Viren und Bakterien.

So ist es grundsätzlich ebenso wichtig, bei chirurgischen Eingriffen eine optimale Schmerztherapie oder Schmerzprävention durchzuführen, um damit die Regeneration und Rehabilitation zu verbessern, weil somit nicht nur die Wundheilung unterstützt, sondern auch die Rekonvaleszenz nach der Operation verkürzt wird.

Zeigt der Hund Polydipsie-Polyurie Symptome (übermäßiges Trinken und Uriniern), liegt die Annahme eines Cushing-Syndroms nahe. Leider treffe ich in meiner Praxis oft Schmerzpatienten an, die aufgrund dieser Anzeichen fälschlicherweise als Cushing-Patienten diagnostiziert wurden und deshalb eine erfolglose Therapie des Cushing-Syndroms erhalten haben. In Tat und Wahrheit sind es Schmerzpatienten.

Bei einer detaillierten Auseinandersetzung mit der Nozizeption geht es vornehmlich darum, die Art und Weise sowie die Lokalität der Schmerzentstehung zu diskutieren. An dieser Stelle soll nochmals an das Thema der Form-Funktions-Veränderungen erinnert werden. Bei diesen wird generell zwischen absoluten und relativen Funktionsveränderungen unterschieden. Bei den absoluten Form-Funktions-Veränderungen handelt sich um strukturelle Veränderungen wie etwa eine Hüftgelenksdysplasie oder eine Hüftgelenksarthrose. Die relativen funktionellen Veränderungen manifestieren sich hingegen etwa in Form eines Beckenhoch- oder tiefstandes oder als ein Schulterhoch- und Tiefstand erklärt. Liegen also absolute strukturelle Veränderungen vor, so sind in diesem Fall beispielsweise Knochen oder Gelenke zerstört und ermangeln ihrer physiologisch angedachten Funktionsweise. Bei relativen funktionellen Veränderungen zeigen sich die Gelenke in ihrer Stellung, aber auch in ihrer Funktion verändert. Die physische Dysbalance, die ein Beckenhochstand erzeugt, lässt sich mit einem Fußpaar vergleichen, das auf der einen Seite einen Turnschuh trägt, auf der anderen – der Hochstandseite – einen High-Heel. Diese Fehlstellung belastet nicht nur schmerzhaft den Knöchel, den Fuß oder das Knie, sondern kann auch – wenn sie über einen längeren Zeitraum bestehen bleibt – Schmerzen in der Hüfte oder im Beckenbereich – insbesondere im Iliosakralgelenk – verursachen.

Diese oben beschriebenen Veränderungen lösen beim Hund grundsätzlich Impulse aus, die über die sogenannten C-Fasern oder A-Delta-Fasern in Richtung Rückenmark weitergeleitet werden. Dieser Umstand lässt sich auch in der Grafik (S. 75) erkennen.

Gangbild Simulation

Zur Visualisierung dieser Form-Funktions-Veränderungen können Sie dieses Video ansehen:

VIDEO

Wenn ein Hund also beispielsweise unter einer Hüftgelenksdysplasie leidet, ruft dies einerseits Schmerzen hervor, andererseits aber auch Entzündungen. Das wiederum heißt, dass hierbei ein kombinierter Schmerzprozess vorliegt. Diese Signale, diese nozizeptive Impulse, werden daraufhin im Rückenmark verarbeitet und entweder gehemmt oder aktiviert. Anschließend erfahren diese Impulse einen Weitertransport zum Hirnstamm und Mittelhirn. Hier werden sie moduliert und haben dann zur Folge, dass dieser entzündliche und schmerzhafte Prozess weitere Funktionen oder Veränderungen auslöst. Als ein wichtiges Exempel im Hinblick auf die Verschaltungen im Mittelhirn kann der Umstand angeführt werden, dass über den Hypothalamus-Hypophyse-Bereich beispielsweise die Schilddrüsenhormone eine Reduktion erfahren, wenn der Hund ein Schmerzpatient ist. Ferner wird in der Neuromatrix in diesen Regionen auch die Bewegung erstmalig verändert, sodass der Hund zum Beispiel in einer Außenstellung (also nicht in einer geraden Spur) läuft, um das schmerzende Hüftgelenk zu entlasten oder dabei ein Lahmen zeigt. Im Anschluss werden diese Impulse, die moduliert sind, weiter ins Hirn, in den sogenannten motorischen Großhirnkortex, übermittelt. Dort wird dieser Schmerzprozess bewusst wahrgenommen, bevor diese Informationen wieder zurückgesendet werden. Dies hat zur Folge, dass der Hund – neben der Entlastung der Gliedmaßen – sich etwa beim Anhalten seines Menschen für ein Gespräch mit Bekannten sofort ablegt. Dabei handelt es sich um einen Regulationsmechanismus. Zur Erinnerung können Sie die Grafik der Nozizeption nehmen.

1. *Die Enden der Nerven im Gewebe und Gelenken, die Golgi-Rezeptoren, registrieren mechanische, thermische oder chemische Reizungen (Fehlstellungen, Schnitt, Verbrennungen und Säuren). Psychosomatische Faktoren wie Angst oder Depression können Schmerzen verstärken.*
2. *Die Nervenbahnen leiten die Informationen und Schmerzen via Rückenmark zum Hirn. In gewissen Fällen haben wir den Reflex auf der Höhe des Rückenmarks (Beispiel: die Hand von der heißen Herdplatte wegziehen)*
3. *Im Hirn wird der Schmerz verarbeitet und bewusst wahrgenommen.*
4. *Absteigende Bahnen hemmen die Schmerzimpulse.*
5. *Interneurone produzieren körpereigene Opioide und hemmen somit die Schmerzimpulse.*
6. *Synthetische Opioide vom Tierarzt (Morphin) docken an den Rezeptoren im Rückenmark und unterdrücken so die Schmerzimpulse auf dem Weg zum Gehirn.*

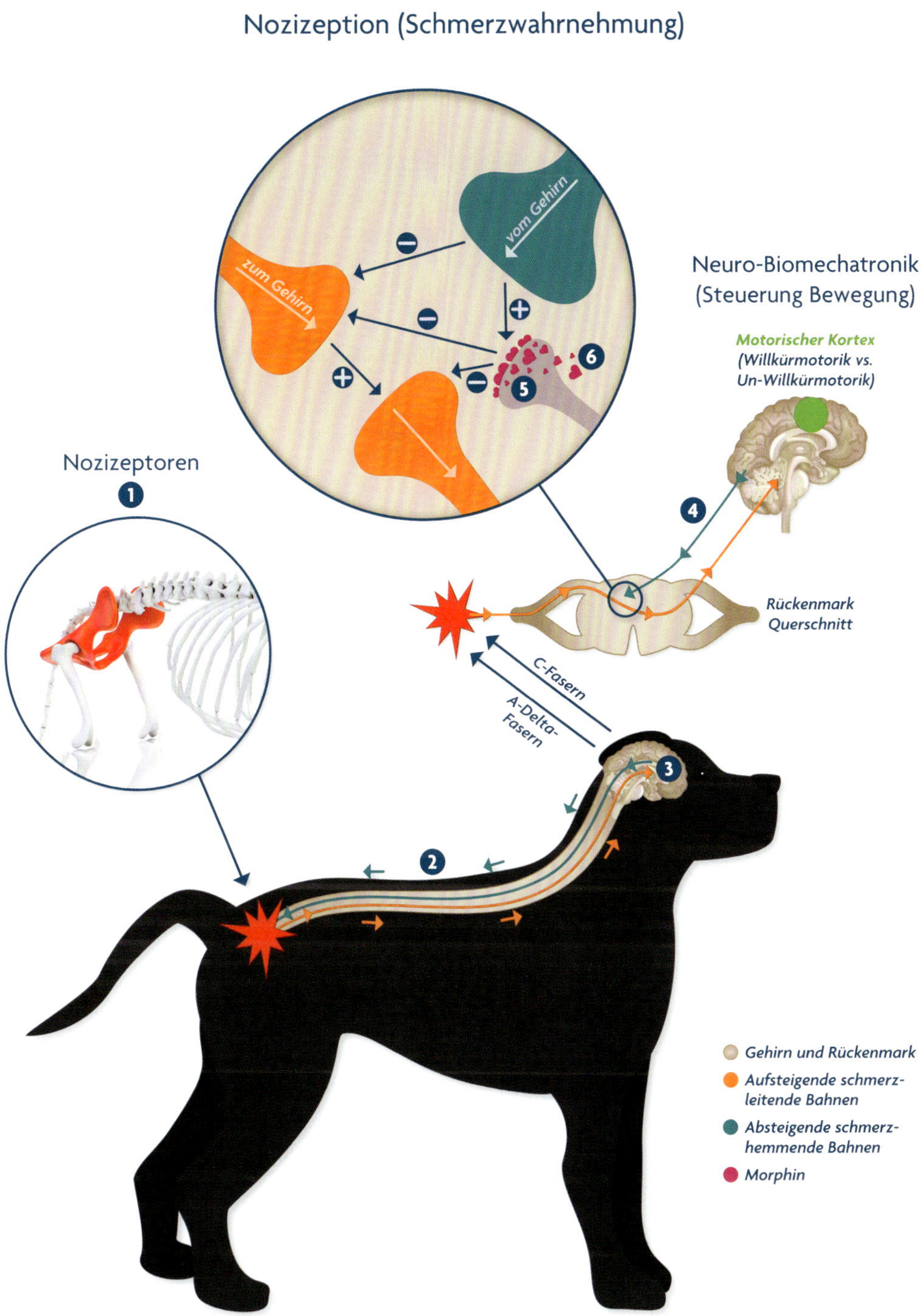
Nozizeption (Schmerzwahrnehmung)
vom Gehirn
zum Gehirn
5
6
Neuro-Biomechatronik
(Steuerung Bewegung)
Motorischer Kortex
(Willkürmotorik vs.
Un-Willkürmotorik)
Nozizeptoren
1
4
Rückenmark
Querschnitt
C-Fasern
A-Delta-
Fasern
3
2
Gehirn und Rückenmark
Aufsteigende schmerz-
leitende Bahnen
Absteigende schmerz-
hemmende Bahnen
Morphin

Infolge einer Gewebeschädigung oder eines Traumas, also eines Sturzes oder eines operativen Eingriffs, verändert sich das Mikromilieu der Nozizeptoren durch die Freisetzung von sogenannten Neurotransmittern, proinflammatorischen Zytokinen, Säuren, Elektrolyten etc. Die Folge ist dabei eine Erhöhung der Empfindlichkeit und der Anzahl der Nozizeptoren, die eine Stimulation erfahren. Dieses Phänomen wird als eine periphere Sensibilisierung bezeichnet. Es bewirkt eine Hyperalgesie, also die Verstärkung einer Überempfindlichkeit in der Schmerzübertragung und kennzeichnet vor allem einen entzündlichen Schmerz. Unter diesem Prozess ist eine zentrale neuronale Sensibilisierung oder das sogenannte Wind-up-Phänomen zu verstehen, das die zentrale Hyperalgesie bezeichnet. Eine fortbestehende Nozizeption resultiert in dieser genannten Schmerzüberempfindlichkeit bzw. Allodynie.

Die Diskussion des Themas der Nozizeption erfordert die Berücksichtigung eines entscheidenden Faktors: in der Hundeorthopädie lässt sich eine Vielzahl von Hunden antreffen, die eine Fehlbelastung oder Hinken / Lahmen aufweisen. Aber genauso viele Hunde verbergen ihre Schmerzen durch Kompensation, sodass es für den Hundehalter nicht sichtbar ist, womit er in seinem Körper zu tun hat. Da hilft dann auch die Auflistung der Verhaltensweisen, die in Kombination miteinander auf einen Schmerzzustand hinweisen können. Hierüber werden Sie in späteren Kapiteln mehr lesen können. Hier erwähne ich nochmals das Problem, dass nach einer orthopädischen Untersuchung bzw. bei der Diagnostik die Lahmheit, das Hinken oder die Entlastungshaltung weder durch das Röntgenverfahren noch mit einer Computertomographie oder einem MRT erklärt werden können. Selbst die die Fluoroskopie-Radiologie bringt in diesem Kontext keine aufschlussreichen Ergebnisse. Die Veterinärmedizinerin ist also darauf angewiesen, die Situation kinematisch aus der Optik der – relativen – Form-Funktions-Veränderungen zu beurteilen. Die dadurch gewonnene Perspektive ermöglicht es, Hunde, die eine Entlastungshaltung oder eine Lahmheit zeigen, ohne strukturelle Befunde aus Röntgen, CT und MRT aus dem Blickwinkel der Form-Funktions-Veränderungen genauer beschreiben, eine Diagnose stellen und eine zielgerichtete Therapie einleiten zu können. Insbesondere beim Sport- oder Arbeitshund trägt eine solche Vorgehensweise dazu bei, sein Training für den Aufbau wieder aufzunehmen und das Tier zurück in den Sport zu bringen. Das gilt nicht nur für die Orthopädie, sondern auch für jede Disziplin in der Medizin. So auch in der Schmerzdiagnostik und -therapie. Später in diesem Buch werden wir auf die Reiz-Reaktions-Spirale eingehen und dieses Thema noch genauer erörtern. Und genau dieser ganzheitliche Blick, bei dem die Punkte verbunden werden, bis man die Ursache gefunden hat, sollte man beim auffälligen Verhalten anwenden.

5. Schmerzen und ihre Folgen

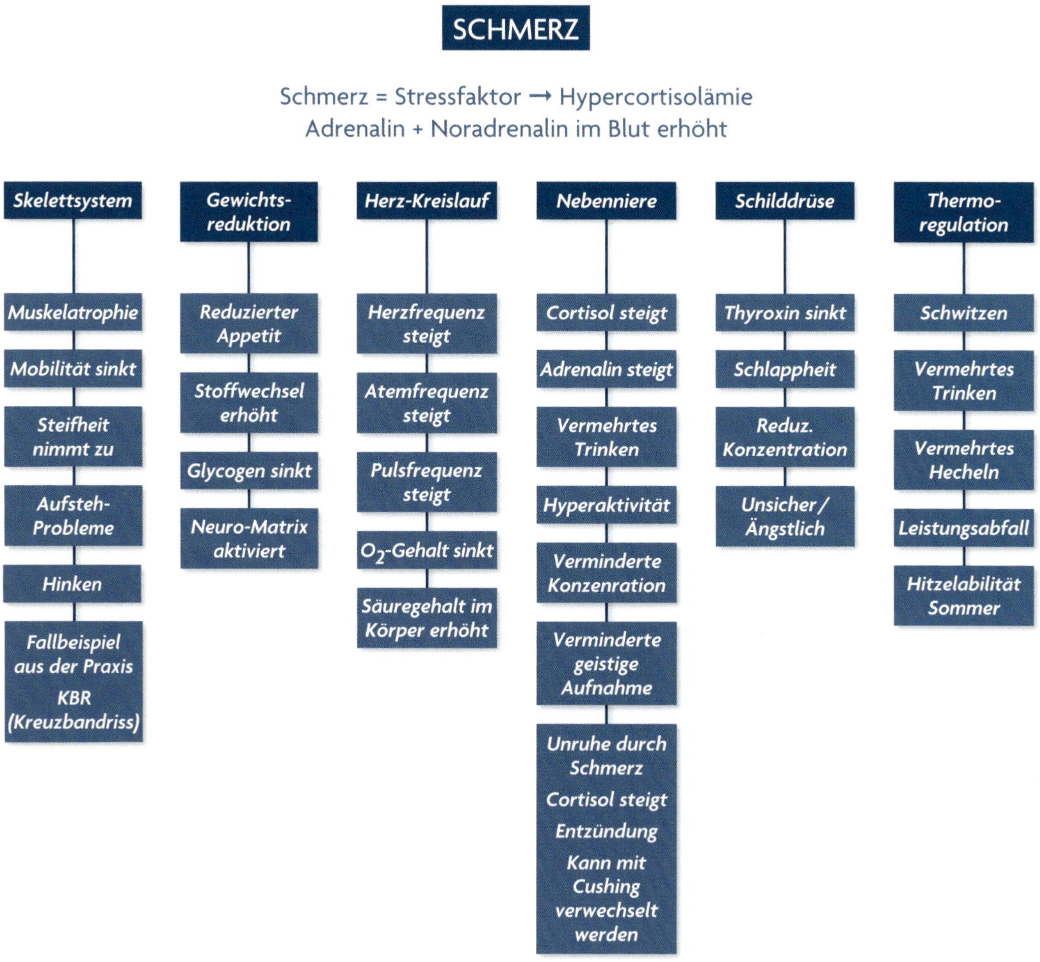
SCHMERZ
Schmerz = Stressfaktor → Hypercortisolämie
Adrenalin + Noradrenalin im Blut erhöht
Skelettsystem
Muskelatrophie
Mobilität sinkt
Steifheit nimmt zu
Aufsteh-Probleme
Hinken
Fallbeispiel aus der Praxis
KBR (Kreuzbandriss)
Gewichts-reduktion
Reduzierter Appetit
Stoffwechsel erhöht
Glycogen sinkt
Neuro-Matrix aktiviert
Herz-Kreislauf
Herzfrequenz steigt
Atemfrequenz steigt
Pulsfrequenz steigt
O2-Gehalt sinkt
Säuregehalt im Körper erhöht
Nebenniere
Cortisol steigt
Adrenalin steigt
Vermehrtes Trinken
Hyperaktivität
Verminderte Konzenration
Verminderte geistige Aufnahme
Unruhe durch Schmerz
Cortisol steigt
Entzündung
Kann mit Cushing verwechselt werden
Schilddrüse
Thyroxin sinkt
Schlappheit
Reduz. Konzentration
Unsicher/ Ängstlich
Thermo-regulation
Schwitzen
Vermehrtes Trinken
Vermehrtes Hecheln
Leistungsabfall
Hitzelabilität Sommer

Nachdem wir uns nun über die Entstehung und Leitung von Schmerzen unterhalten haben, werden wir in diesem Kapitel die Folgen von Schmerzen anschauen. Die Schmerzreaktionen beim Hund sind generell mit denen beim Menschen vergleichbar. Das Verhalten daraus, zum Teil auch die Therapie ist jedoch nicht immer die gleiche. Wenn beim Menschen das Gespräch eine wichtige Therapiekomponente beinhaltet, ist dieser Ansatz bei Hunden eher schwierig. Ebenfalls kann sich der Hund nicht so ausdrücken, dass wir es auf Anhieb verstehen könnten. Es gibt aber andere Möglichkeiten, diesen Aspekt genügend zu berücksichtigen.

In diesem Kapitel soll nun auf einige Mechanismen bezüglich der Schmerzen beim Hund bzw. beim schmerzverdächtigen Verhaltenspatienten oder Schmerzpatienten mit Verhaltensauffälligkeiten detaillierter eingegangen werden. Die Grafik auf S. 78 visualisiert dies zusätzlich zur Unterstützung. Generell ist zu beachten, dass Schmerz einen Stressfaktor im Körper darstellt. Das bedeutet, dass durch den Schmerz zum einen Cortisol ausgeschüttet wird, das dann im Blut, aber auch im Urin nachgewiesen werden kann; zum anderen werden durch den Schmerz als Stressfaktor ebenfalls Adrenalin und Noradrenalin freigesetzt, die wiederum im Körper Reaktionen hervorrufen, die sich beispielsweise in Form von Hecheln, erhöhtem Herzschlagrhythmus und anderen Anzeichen manifestieren. Dieser Sachverhalt sollte bei der Auseinandersetzung mit den einzelnen Abschnitten zu den Symptomen, die der Schmerz beim Hund verursachen kann, immer berücksichtigt werden.

Das Skelettsystem

Als erster Punkt lässt sich das Skelettsystem anführen bzw. die Frage, welchen Einfluss der Schmerz auf das Skelettsystem hat. Zur Veranschaulichung stelle ich hierfür das praktische Beispiel eines Hundes mit einem partiellen Kreuzbandriss vor. Der Kreuzbandriss hat zur Folge, dass der davon betroffene Hund zu lahmen / hinken beginnt. Dieses Bewegungsproblem mag anfänglich nur beim Aufstehen in Erscheinung treten und sich wieder verflüchtigen, sobald das Tier sich eingelaufen hat. Allerdings kann das Hinken auch fortbestehen, sodass es beim Hund zu einer Entlastungshaltung führt, die Schmerzempfindung permanent wird und der Hund nur noch auf der Zehenspitze auffußt. Diese Fehlbelastung wird von weiteren Symptomen bzw. Konsequenzen begleitet. Es kommt es zu der Entstehung einer Muskelatrophie (Muskelschwund). Diese Rückbildung der Muskulatur wirkt sich auf die Mobilität des Hundes aus und führt zu Veränderungen der sogenannten Range of Motion (Aktionsradius). Der Schmerz sowie die veränderte Funktionalität im Knie verändern also die Beweglichkeit im Knie. Die Probleme beim Aufstehen führen dazu, dass der Hund auch hier beeinträchtigt ist und dadurch eine Steifheit in seinem Rücken und seiner Bewegung zeigt. Mit der Zeit wird er deutlich zu erkennen geben, dass er aufgrund des physischen Unbehagens zögert und abwägt, sich zu erheben. Sollten dieser Kreuzbandriss und der damit einhergehende Schmerz länger andauern, lässt der Hund eine veränderte Bewegung erkennen. Das heißt, er demonstriert einen verminderten Push-Move (eine Schubbewegung), zeigt also weniger Hinterhandaktivität und zieht sich vielmehr mit der Vorhand. Dies wiederum zieht nach sich, dass beide Ellenbogen eine O-Bein-Stellung einnehmen. An diesem Beispiel lässt sich zeigen, dass selbst ein Kreuzbandriss, der nur partieller und leichtgradiger Natur ist, schwerwiegende Folgen für den Hund haben kann und es deshalb wichtig ist, so schnell wie es geht diese Anzeichen zu erkennen, damit nachhaltig Abhilfe geschafft werden kann. Wie oben bereits beschrieben, kommt noch dazu, dass durch diese Schmerzsituation auch vermehrt Adrenalin ausgeschüttet wird, was sich beim Hund durch vermehrtes Hecheln und einen stärkeren Herzschlag äußert. Durch den Schmerzstress reduziert sich auch der Appetit. Kurzum: wird der partielle Kreuzbandanriss nicht auf schnellstem Weg adäquat behandelt, entsteht im Knie Arthrose und somit kommen die Patho-Mechanismen der Arthrose zum Tragen.

Das Gewicht

Eine weitere Folge von Schmerz als Stressfaktor kann die Einflussnahme auf das Gewicht sein. Demnach kann man häufig bei der Erstvorstellung eine Gewichtsreduktion feststellen, da Schmerz generell den Appetit des Hundes senkt. Es sind die Hunde, bei denen man einfach nichts auf die Rippen bekommt. Appetit und Futteraufnahme sind deutlich eingeschränkt. Zusätzlich ist die Zufuhr von Glykogen und damit die Möglichkeit, Energie im Muskel oder in der Leber zu speichern, vermindert, was zusätzlich zum Gewichtsverlust beiträgt. Der gesamte Grundumsatz ist gestört, da der Schmerz eine sogenannte katabole (abbauende) Wirkung besitzt. Außerdem greift der Hund durch den abgeschwächten Appetit vielmehr eigene Körpersubstanzen an und somit geschieht eine weitere Reduktion von Körperfett. Generell muss festgehalten werden, dass der Schmerz im Mittelhirn und dadurch in der Amygdala Reaktionen auslöst, die mit der Interaktion mit der Umwelt sowie mit der gesamten Stoffwechselachse in Verbindung stehen. Dies hat Einfluss auf den Thalamus, Hypothalamus und die Hypophyse und damit auch auf den Gesamtstoffwechsel beim Hund. In der Frühphase findet aufgrund der Stressausschüttung und der endokrinologischen Verknüpfung von Cortisol und Adrenalin eine Aktivierung dieser Achse statt, da der Hund versucht, den Schmerz bestmöglich zu regulieren. Je länger der Schmerzprozess dauert, unbehandelt, desto eher ändert sich diese Aktivierung und es tritt das Gegenteil ein.

Dennoch gibt es auch Hunde, die aufgrund der sparsamen Bewegung und einer Starre im Körper zu einem Übergewicht neigen. Je nachdem, wie effektiv die Therapie greift, kann man beobachten, dass diese Hunde eine andere Körperform bekommen: das kommt durch mehr Tonus in den Muskeln, durch eine veränderte Haltung und durch mehr und andere Bewegungsabläufe.

Herz-Kreislauf-Sauerstoffhaushalt

Durch eine erhöhte Schmerzsituation im Körper des Hundes werden, wie bereits erwähnt, Herz und Kreislauf aktiviert und stimuliert. In Bezug auf die dadurch betroffenen Organe von Herz und Lunge bedeutet dies, dass sowohl die Herz- als auch die Atemfrequenz eine Steigerung erfahren. Damit nimmt also die Pulsfrequenz generell zu und auch der Blutdruck schnellt in die Höhe. Dieser Zustand lässt sich mit dem Herunterschalten eines Ganges bei einer höheren Drehzahl im Auto vergleichen, was den Motor zum Tönen und mehr Unruhe ins Fahrgefühl bringt. Beim Hund verhält sich dies ähnlich, da der erfahrene Schmerz die Motorendrehzahl des Herzens aktiviert und derartig weit nach oben jagt, dass die Tourenzahl in den roten Bereich schießt. Dieser Umstand wirkt sich beeinträchtigend auf die gesamte Sauerstoffaufnahme aus, da die Frequenz von Herz und Atmung steigt. Das heißt, die Atemsituation und dadurch auch die Oxygenierung sind ebenfalls einer Veränderung unterworfen. Besagte Drehzahlerhöhung resultiert in einer tendenziellen Säuerlichkeit des Hundekörpers, was auf den Schmerz zurückzuführen ist und wiederum ein anderes Säuremilieu generiert. Hierbei werden allerdings die Schmerzmediatoren nochmals anders aktiv, wodurch gleichsam eine Erhöhung von Herz-Kreislauf hervorgerufen wird und auf den gesamten Körper Einfluss nimmt. Dadurch kommt es auch zu einer Beeinträchtigung der Durchblutung und ihrer Dauer. Es wird dann auch nicht wundern, dass Langzeitschmerzpatienten etwas schneller altern.

Hormonsystem

Die Nebenniere hat beim chronischen Schmerzpatienten eine wichtige Funktion. Durch den chronischen Schmerz, der einen Stressfaktor darstellt, wird einerseits aus dem Nebennierenrinden-Kortex vermehrt Cortisol ausgeschüttet, während andererseits Adrenalin und Noradrenalin aus dem Nebennierenmark freigesetzt werden. Dabei handelt es sich um die typischen Symptome von Stress und Flucht. Das vermehrte

Trinken, die Hyperaktivität, das Hecheln und die Unruhe sind weitere Symptome, die im Zusammenhang mit diesen endokrinen Hormonen stehen. Ebenfalls können eine verminderte Konzentrationsfähigkeit und reduzierte geistige Aufnahme in diesem Kontext erscheinen. Gerade letzteres Problem führt dazu, dass es dem Hund schwerfällt oder gar unmöglich ist, sinnlich Wahrgenommenes und Erlerntes zu verarbeiten und zu speichern, sodass er zusätzlich durch eine Beeinträchtigung in seiner Lernfähigkeit auffällt. Das sind die Hunde, die es schwer haben – gerade draußen – die vermehrten Reize zu verarbeiten und einzuschätzen. Demzufolge sind sie auch in vielen Fällen nicht ansprechbar.

Durch den erhöhten Cortisol-Wert im Blut ist es möglich, dass Patienten fälschlicherweise mit einem **Cushing-Syndrom** diagnostiziert werden. Derartige Fälle treffe ich oft in meiner Praxis an. Diese Patienten weisen einen erhöhten Cortisol-Wert auf, allerdings zeigt der Ultraschallbefund, dass die vergrößerte Nebenniere sich noch in der möglichen Normvarianz befindet. Eine ergänzende Messung des Kreatinin-Cortisol-Spiegels im Urin liefert ein Ergebnis, das zwar erhöht ist, aber noch innerhalb der Norm zu verorten ist. Die Werte gelten als verdächtig und sollten somit gut überwacht werden. Es besteht hier also die Gefahr, dass die Schmerzzeichen falsch ausgelegt werden und der betroffene Hund die inkorrekte Diagnose eines Cushing-Syndroms gestellt bekommt. So ist es logisch, dass nach einer für diese endokrine Störung angedachten medikamentösen Therapie keine Verbesserung erreicht werden kann.

Erst vor kurzem wurde mir ein Patient vorgestellt, der genau die oben beschriebenen Symptome erkennen ließ und vermeintlich unter dem Cushing-Syndrom litt. Nachdem eine Schmerzbehandlung, bzw. Schmerzdiagnostik durchgeführt worden war und der Hund als Schmerz-Patient identifiziert wurde, konnte die Cushing-Therapie abgesetzt werden, da sich sämtliche Symptome wie Durst, vermehrtes Trinken, Hecheln und das erhöhte Cortisol im Blut innerhalb von einem Dreivierteljahr wieder normalisierten. Dieses Beispiel stellt allerdings keinen Einzelfall dar, denn oftmals ist es notwendig, bei Schmerzpatienten die Situation richtig einzuschätzen und neben einem hohen Cortisol-Wert auf die vermehrte Ausschüttung der Hormone Adrenalin und Noradrenalin zu achten, die einen Angstzustand hervorrufen können. Somit kann der Hund als Schmerzpatient also auch Symptome wie Ängstlichkeit oder Aggression zeigen, was ein ganz anderes Licht auf seinen Zustand wirft.

Chronische Schmerzpatienten bekommen ebenfalls sehr häufig eine Schilddrüsenunterfunktion diagnostiziert, denn ihre Blutanalyse zeigt oft einen tieferen Thyroxin-Wert. Dies betrifft vor allem die freien T3 und T4-Werte, während der übergeordnete Wert des TSH zumeist normal erscheint oder nur leicht erhöht ist. Hunde, die hiervon betroffen sind, zeigen oftmals eine auffällige Schwäche, neigen zum Übergewicht und weisen – wie bereits erwähnt – eine reduzierte Konzentrationsfähigkeit auf. Zusätzlich zu diesen Symptomen, die ebenso in Verbindung mit der Schilddrüse auftreten können, lässt sich möglicherweise ein unsicheres oder gar ängstliches Verhalten beobachten. An dieser Stelle ist jedoch deutlich zu differenzieren, ob sich diese Symptome von Nervosität, Unsicherheit und Ängstlichkeit vor allem in Zusammenhang mit der Abgeschlagenheit effektiv entwickelt haben und nicht etwa das Ergebnis konditionierter und geprägter Erfahrungen sind, die man fälschlicherweise mit der Schilddrüse in Verbindung bringt.

Thermoregulation

Beim chronischen Schmerzpatienten liegt eine Beeinträchtigung der Thermoregulation vor. Dies bedeutet, dass der Abtransport von zunehmender Wärme, die durch die Entzündung bzw. den Schmerz produziert wird, nicht mehr optimal reguliert werden kann. In diesem Fall müsste der Hund vermehrt schwitzen können, was ihm jedoch nur bedingt möglich ist. Das Schwitzen zeigt sich beim Hund einerseits an den Pfoten, also an „Schweißfüßen“, andererseits durch ein gesteigertes Trinkverhalten oder auch ein häufiges Hecheln, da die Hitze beim Hund über das Hecheln abtransportiert wird und das vermehrte Trinken wiederum zur Abkühlung dient. Gerade hinsichtlich einer möglichen Verwechslung mit dem Cushing-Syndrom sollte man hier mit den Untersuchungen gründlich und differenziert vorgehen. Hunde als Schmerzpatienten mit gestörter Thermoregulation zeigen auch ein „Müffeln“, sie riechen. Diesen Umstand finde ich in der Praxis bei Hunden mit Rückenschmerzen. Vor allem der Bereich der Cauda-equina-Region, also dem Ende der Lendenwirbelsäule, zeigt eine Wirbelbildung mit eben einem auffälligen Geruch. Es müffelt nach „Schweißsocken“. Wenn der Schmerzprozess erfolgreich behandelt ist, fällt dieser Geruch weg. Also eine positive Therapiekontrolle.

Leistungsabfall und Schwäche

Auch ein Leistungsabfall und ein vermindertes Interesse an Aktivität können bei einem Hund mit Schmerzen festgestellt werden. Hierbei lässt sich ein Querverweis zur Schilddrüse herstellen, die im Falle einer Dysfunktion Schwäche und eine aus der mangelnden physischen Betätigung resultierende Gewichtszunahme verursachen kann. Zusätzlich kommt noch der Aspekt der Hitzelabilität hinzu, die für den Hund, der bereits durch den Schmerzprozess unter einer Überhitzung leidet, vor allem in den warmen Sommermonaten als zusätzliche Belastung wahrgenommen wird und – wie im Teufelskreis – das Problem der fehlenden Thermoregulation intensiviert. Im Sommer kann beobachtet werden, wie sich die Hunde gerne in kühlere Räume zurückziehen oder es genießen, eine Abkühlung im Wasser zu finden. Im Winter nimmt diese Zusatzbelastung allerdings wieder ab und es lässt sich konstatieren, dass sich viele Schmerzpatienten generell während der kälteren Jahreszeit besser zurechtfinden. Im Zusammenhang mit der Hitzelabilität ist auch der Kreislauf zu berücksichtigen. Durch die verstärkte Atmung sollte auch die Herzfrequenz steigen, damit im Blut die Wärme reguliert werden könnte. Diese Reaktion ist jedoch auch beeinträchtigt.

6. Die verschiedenen Schmerzprozesse beim Hund

Psychosozialer Stress und Schmerz

Es ist eine Tatsache, dass es bei verhaltensauffälligen Hunden zum normalen Protokoll gehören sollte, die Möglichkeit einer Schmerzpathologie abzuklären. Hundebesitzer, die bereits eine oder mehrere Versuche dazu gemacht haben, kamen dann oft erleichtert aus der Sprechstunde mit der Begründung, der Hund sei kein Schmerzpatient. Wie bereits beschrieben wurde: Welpen, Junghunde und erwachsene Hunde – sie alle können bereits aus verschiedensten Gründen mit Schmerzen zu tun haben, egal woher sie kommen, aber gerade die Hunde aus dem Auslandstierschutz sind sehr betroffen, weil die Bedingungen vor und nach der Geburt meistens unzureichend oder schlecht sind. Gerade Hunde, die in Gruppen zusammenleben oder gehalten werden, wollen keine Schmerzen zeigen, einerseits wegen der Gruppendynamik und andererseits wegen der Somatisierung (Auftreten von körperlichen Symptomen ohne körperliche medizinische Ursache). Es ist wichtig zu wissen, dass zwischen Schmerzen und psychosozialem Stress eine enge Beziehung besteht und in diesem Kapitel möchten wir den Zusammenhang aufzeigen. Psychische Stresszustände wie Angst, Aggression oder Ruhe und Niedergeschlagenheit sind selbstverständlich auch beim Hund wahrzunehmen. Die Therapie sollte demzufolge auch diese Aspekte ins Visier nehmen.

An dieser Stelle müssen wir zum besseren Verständnis einen kurzen Ausflug in die Humanmedizin machen. Es gab bereits diverse Forscher und Ärzte, die den Zusammenhang zwischen Schmerzen und Depression dargestellt haben. Dazu gehörten Heinroth (1173–1843) oder Giesinger (1817–1868). Unter anderem hatte Griesinger den Begriff des „psychischen Schmerzes" propagiert. Auch für andere Protagonisten auf diesem Gebiet wie zum Beispiel Kraeplin (1883) stehen Schmerzen und psychische Erkrankungen und daraus folgendes Verhalten in einer engen Beziehung. Die folgenden Symptome sind nun für Mensch und Hund vergleichbar. Psychisch erkennen wir Zustände wie Unruhe, Angst, Traurigkeit, Enttäuschung, Ärger bis hin zur Aggression, Wut oder dann auch Melancholie und körperlich gibt es Schmerzen in Gliedmaßen und Gelenken, Wirbelsäule, Brust und Magen bis hin zum Kopf- und Kiefergelenk mit Krampfzuständen.

Das Empfinden dieser Schmerzzustände ist wiederum abhängig von der Persönlichkeit, mit der Unterscheidung zwischen Extrovertiertheit oder Introvertiertheit. Daraus entwickelte sich die Erforschung von chronischen Schmerzzuständen im Zusammenhang mit der Persönlichkeit und der Psyche. Pilowsky et. Al (1988) konnte zeigen, dass 26% der chronischen Schmerzpatienten Kriterien für einen zusätzlichen depressiven Prozess aufwiesen. Fishbain et al. (1997) konnte diese Erkenntnis in seiner Studie untermauern. Im Zentrum dieser pathologischen Prozesse steht die Deprivation. Diese bedeutet die Entbehrung, das Fehlen einer Bezugsperson oder generell einer tragfähigen Beziehung.

Die Folge daraus ist die Enttäuschung und letztendlich die Wut oder die Depression. Übersetzt auf den Hund bedeutet dies Aggression und / oder Angst – in vielen Erscheinungen. So kann es beim Hund wie auch beim Menschen zu Übersprungsreaktionen kommen oder zu einer Potenzierung der körperlichen Beschwerden. Typischerweise sind dies Rückenschmerzen oder dann auch Symptome des Magen / Darmsystems. Beim Hausarzt werden 60 % der vorgestellten Fälle in diesem Zusammenhang als psychosomatische Erkrankungen gruppiert. Beim Hund ist dies leicht verändert. Da der Hund ein Rudeltier ist, ist der Schmerz ein Symptom der Schwäche. Somit ist der Tierarzt mit dem Aufdecken dieser verdeckten oder maskierten Symptome konfrontiert. Daher ist eine eingehende und genaue orthopädische Untersuchung unter Einsatz der neurologisch-funktionellen Fähigkeit und weitreichender Erfahrung von großer Hilfe. Gerade im Zusammenhang mit der Deprivation bei Hunden aus dem Ausland, bei denen nicht bekannt ist, wie sie aufgewachsen sind, ist der Zusammenhang von Schmerzen und Verhalten sehr zentral. Dies ist vor allem bei Welpen, die von Straßenhunden abstammen, aber auch bei Welpen, die von Vermehrern und Hundehändlern gekauft werden und dann als Tierschutzhund zu uns kommen, sehr relevant. Diese Hunde zeigen zum Teil ein auffälliges Verhalten, das häufig als hyperaktiv oder repetitiv beschrieben wird. Gerade bei diesen Hunden stellt sich nun die Frage, was Ursache und was Folge ist. Verhalten oder Schmerzprozess? Zum Teil sind diese beiden Prozesse so ineinander verschachtelt, dass beide Faktoren gleichwertig sind. In der Regel ist es so, dass über die Hunde sowieso nicht vieles oder nichts präzise bekannt ist, was ein zusätzlicher Grund dafür ist, dass man diesen Zusammenhang berücksichtigt.

Deprivation

In Bezug auf den Begriff „Deprivation“ möchte ich als Verhaltenstrainerin noch hinzufügen, dass dieser häufig falsch genutzt wird. Gerade bei Hunden aus dem Auslandstierschutz, aber auch aus dem Tierschutz hierzulande ist es oft nicht möglich, etwas über ihren bisherigen Werdegang, ihre Aufzucht und ihre Wachstumsphase zu wissen. Dennoch werden Hunde, die ein sehr schwieriges, komplexes und heftiges Verhalten zeigen, gern mit diesem Etikett abgestempelt. Das Etikett ist oftmals Synonym für Aussichtslosigkeit, denn was in der Prägungsphase schiefgegangen ist, kann man im späteren Leben wohl nicht mehr nachbessern. Deshalb würde ich dazu raten, bevor man dieses Etikett benutzt, den Hund gründlich auf Schmerzen untersuchen zu lassen. Es konnten bereits so viele Hunde auf diese Art und Weise zu einem normalen oder fast normalen aber glücklichen Leben verholfen werden.

Somatisierung

Unter einer Somatisierung versteht man, dass körperliche Symptome auftreten, die keine körperliche Ursache, sondern ihren Ursprung auf der psycho-sozialen Ebene haben. Nehmen wir als Beispiel einen Durchfall beim Hund, der von einem psychischen Stressor ausgelöst wird, beispielsweise ein Schuss oder ein Knall. Deshalb fliehen viele Hundebesitzer mit ihrem Liebling vor der Silvesternacht in eine Region, wo Feuerwerk nicht zugelassen oder zu hören ist. Ohne dass es deswegen ein Besuch in der Tierarztpraxis notwendig wäre, zeigt dieses Beispiel die Tragweite der Somatisierung auf. Wir könnten als Beispiel in diesem Fall genauso gut die Kopfschmerzen oder Muskelverspannungen nennen. Hier sind Angst oder Erfahrungen im Zusammenhang mit Angst der Auslöser für den Durchfall.

Ein ähnliches Beispiel beim Menschen wären Schmerzen in der Halswirbelsäule, die durch ein Schleudertrauma verursacht wurden. So oft ist diese Situation frustrierend für Patient und Arzt, denn beim Schleudertrauma fehlen oft die strukturellen Veränderungen. Tatsächlich sind durch das stumpfe Trauma die Facettengelenke der Halswirbel überdehnt und lösen so den Schmerz aus. Die bildgebende Diagnostik liefert hierfür leider keinen Nachweis. Der Schmerz in der Halswirbelsäule und manchmal sogar auch im Kopf ist sehr reell, aber er wird als Einbildung beurteilt. Der Patient fühlt sich als Hypochonder hingestellt. Durch eine zusätzliche psychische Belastung kann dieser Schmerz nun noch verstärkt werden und so zu einer vermeintlichen Somatisierung führen, da die bildgebende Diagnostik und Laboranalysen keine pathologischen Resultate darstellen. Eine eingehende Anamnese und gründliche Untersuchung funktionell-orthopädisch und neurologisch kann diesen Zustand jedoch aufdecken. Denken Sie an die Worte in den vorigen Kapiteln: Schmerzen haben eine Warnfunktion und sollten funktionell betrachtet werden. Und so erklärt sich, warum es schwierig zu unterscheiden sein kann, ob ein Schmerzprozess real ist oder ob die Folge einer traumatisierenden Situation oder einer belastenden Emotion die Symptome verstärken kann.

Im Gegensatz zum Menschen, der Schmerzen empfindet, die psychosomatisch sind, also eher einem emotional oder psychisch belastendem Zustand entspringen, ist dies beim Hund etwas anders. Wir haben immer einen realen Schmerzprozess, der durch psychosoziale Faktoren potenziert und verstärkt wird. Hier spielen dann Wut, Angst, Aggression hinein und lassen den ursprünglichen Schmerzprozess unkontrolliert erscheinen. Dies macht die Ermittlung und Durchführung einer effektiven Therapie schwieriger. Auch dieser Zustand wird als Somatisierung beschrieben, ist jedoch etwas anders zu verstehen als im Humanbereich.

Die anatomische Lokalisation ist im Mittelhirn, vor allem in Korrelation mit der Amygdala und dem Hippocampus, also die Region, die im direkten Zusammenhang mit Emotionen verknüpft sind. In der direkten Nachbarschaft sind dann auch Thalamus – Hypothalamus – und Hypophyse lokalisiert. Diese Nachbarschaft verleitet vereinzelt Therapeuten dazu, die Hierarchie bezüglich Schmerzachse und Schilddrüse zu verwechseln.

Die Verhalten-Schmerz-Spirale

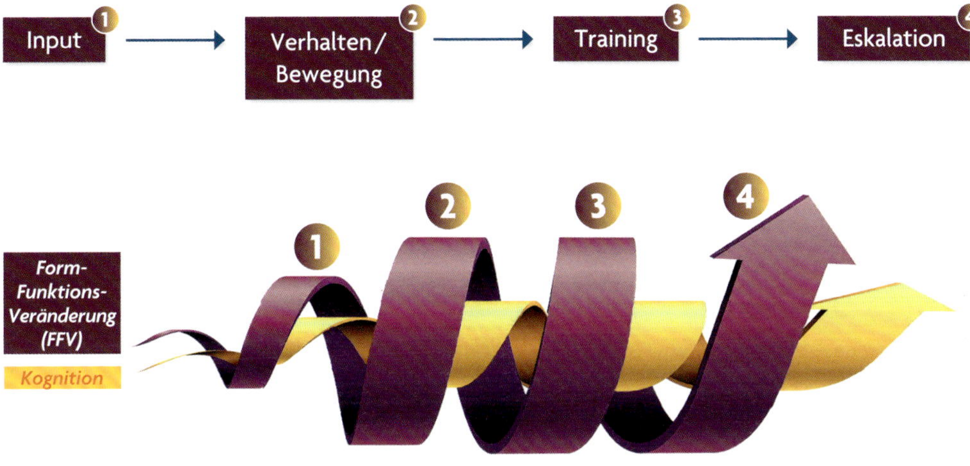

Wenn wir nun diese Grafik betrachten, fällt sofort auf, dass sich körperliche Symptome aus dem Skelettsystem mit den Aspekten der Persönlichkeit oder der individuellen Erlebniswelt des Hundes ineinander verknüpfen oder beeinflussen.

Auf der einen Seite haben wir somit die Form-Funktions-Veränderungen, die auf der körperlichen Ebene die Bewegung, den Schmerz und entzündliche Prozesse verursachen. Dieser Prozess hat den Ursprung im Welpenalter, kann aber zu einem beliebigen Zeitpunkt entstehen.

Auf der anderen Seite beeinflusst auch die Kognition des Hundes diese Spirale: seine Aufzucht, seine Prägung und seine Lebenserfahrungen. Wenn wir sehr interdisziplinär denken, beginnt dies bereits im Uterus der Mutterhündin. Während der Trächtigkeit ist es wichtig, dass die Hündin Ruhe und ein geregeltes Umfeld hat. Dadurch ist sie weniger gestresst, schüttet weniger Cortisol, Adrenalin und Noradrenalin aus. Die Trächtigkeit hat einen ruhigen Verlauf und der Fötus hat somit auch weniger Kontakt mit diesen Stresshormonen. Diesen Zusammenhang haben zurzeit die Epigenetiker bereits bei Föten und Neugeborenen in der Ukraine erwähnt. Ein nachvollziehbares Beispiel, das keiner weiteren Erklärung bedarf. Ein weiterer Faktor ist die Niederkunft oder Geburt. Diese kann normal oder eher unruhig und stressig verlaufen. Sämtliche Eindrücke und Einwirkungen bezüglich Trächtigkeit, Geburt, Prägung und Erlebnisse auf das Individuum spielen eine Rolle. Hier sollte man wiederum den Begriff der Somatisierung von oben in Erinnerung rufen.

Diese Wechselwirkung zwischen Verhalten und den Form-Funktions-Veränderungen ist ein konstanter Prozess. Es ist wie ein Expansionsgefäß, das konstant mit Wasser gefüllt wird, erwärmt wird und in dem ein dauernder Druckausgleich stattfinden muss. Wird der Druck zu hoch, kann Dampf abgelassen werden: eine natürliche Regulation im System. Dennoch funktioniert dieser Ausgleich nicht immer angemessen und so kann es wieder zu Übersprungsverhalten kommen. Hierdurch entsteht ein Konflikt im sozialen System des Hundes – mit seinen Menschen, aber auch im Umfeld mit anderen Hunden, und dadurch wird das Training notwendig.

Ist nun unser Hund ein Schmerzpatient mit Bezug zu einem unerwünschten Verhalten, kann das Training statt einer Entlastung oder Lösung eher eine zusätzliche Belastung darstellen. Vor allem, wenn es mit Druck und Zwang stattfindet, verschärft es in vielen Fällen den Zustand des Hundes. Der Schmerz- und Entzündungsprozess wird potenziert und das Verhalten kann diese zusätzliche Belastung nicht genügend abfedern. Der Schmerz- und Entzündungsprozess wird angekurbelt. Hier spielen dann auch wieder die Prägung und die Erlebnisse eine Rolle. Bildlich gesprochen steigt der Druck im Expansionsgefäß gefährlich an und droht zu bersten. Wird nun in dieser Phase weiter Druck hinzugefügt, kommt es zur Eskalation, die meistens schwerwiegende Folgen nach sich zieht. Beim Hund kann dies in eine Beißerei mit anderen Hunden oder mit Personenschaden münden. Die Geschichte von Tayo (S. 57) spiegelt diese Spirale sehr eindrücklich wider, auch wenn in Tayos Umfeld kei Druck ausgeübt wurde. Tayo war jedoch bereits mit ganz normalen menschlichen Bewegungsmustern oftmals überfordert.

Es ist somit nachvollziehbar, dass diese Spirale möglichst früh erkannt und durch die geeignete Diagnostik und Therapie sinnvoll behoben werden kann. So kann der Hund lernen, sein Verhalten zu regulieren.

Im folgenden Kapitel gehen wir etwas detaillierter in die Ursache von Schmerzen ein.

Überlegungen in Sachen eines Falles wie TAYO

Der Fallbericht von Tayo (S. 57) zeigt auch nochmals, wie regelmäßig die Themen von Kopfschmerzen sowie posttraumatischer Bewegungs- und Belastungsstörungen vorkommen und vor allem, wie eine anschließende Rekonditionierung im Training sehr wichtig ist, denn während der Schmerzperiode wurden viele Verhaltensweisen tief geprägt und diese verschwinden nicht automatisch mit dem Schmerz.
Bei diesen Patienten ist aufgrund der Schmerzen ebenfalls ein Verhaltensrepertoire entstanden. In Tayos Fall war es die Aggression gewesen, womöglich, weil er an seinen vorherigen Lebensorten wenig Wahl gehabt hatte. Hunde sind extrem anpassungsfähig und checken bei jeder Umfeldveränderung ihre Überlebenschancen ab. Dadurch muss sich das Verhalten auch ständig anpassen. Beim Schmerzpatienten, der relativ viel Druck und wenig Raum bekommen hat, wurde die Strategie „Angriff ist die beste Verteidigung" perfektioniert. Wichtig ist hier noch einmal zu betonen, dass nicht alle verhaltensauffälligen Hunde Schmerzpatienten sind, aber sicherlich viele, und dass eben dieser Faktor im Laufe von Training, Therapien und Untersuchungen konsequent verkannt wurde. Nur, wenn das Verhalten nicht schmerzbedingt ist, sollte man mit Desensibilisierung, Gegenkonditionierung, Selbstwirksamkeit, Training von neuem und alternativem Verhalten tatsächlich schnell oder zumindest mittelfristig Fortschritte feststellen können. Dies ist schon mal ein wichtiges Anzeichen dafür, dass man bei einem bestimmten Hund mit etwas „Größerem" zu tun hat.
Bei der Beurteilung von verhaltensauffälligen, im speziellen aggressiven Hunden ist es wichtig, zunächst jegliche medizinische Komponenten auszuschließen. Das heißt, es muss ein großes Blutbild aus Leber-, Nieren- und Bauchspeicheldrüsenwerten und dem roten und weißen Blutbild erstellt werden, während auch auf die Möglichkeiten von vorhandenen Infektionskrankheiten und Parasitosen untersucht werden sollte. Sind diese dann ausgeschlossen, geht es darum, zu evaluieren, ob eventuell noch Schmerz aus der orthopädischen Situation besteht. Erst wenn dies auch negativ ist, kann dazu übergegangen werden, das Thema Verhalten – insbesondere der Aggression – zu trainieren. Wichtig ist, dass bis dahin ausreichend Managementmaßnahmen ergriffen werden, damit der Hund nicht auf das unerwünschte Verhalten zurückgreifen muss, sondern sich erstmal von allen (noch) nicht-bewältigbaren Umweltfaktoren erholen kann. Erstmal. Tatsächlich müssen erstmal die Erregung und die Reizbarkeit nivelliert werden, sodass der Hund quasi nicht voreilig eine Erregung zeigen muss und sich sein zentrales Nervensystem resetten kann. Dies gilt sowohl für Importhunde wie für Welpen vom Züchter, die ein ähnliches Verhalten zeigen können. Wahrscheinlich sind jedoch die Ursachen unterschiedlich. Oftmals wird wegen der Verzweiflung der Hundehalter – die absolut verständlich ist – versucht, die Verhaltensmodalitäten medikamentös zu dämpfen, aber auch therapeutisch mit Hilfe von Rekonditionierung zu behandeln. Hierbei muss allerdings immer darauf geachtet werden, dass solche Hunde nicht retraumatisiert werden und in eine Aggressionsspirale hineingelotst werden, indem negative Erfahrungen immer wieder reanimiert werden und so eine Rehabilitation verhindern. Es ist keine gute Idee, Hunde mit Psychopharmaka zu behandeln und dann mental und körperlich an ihre Grenzen zu bringen. Denn wenn ein Defekt im Körper

vorliegt, ist ein Konfrontations- oder Auslastungstraining nicht angemessen. In meinem Training empfehle ich bei diesen Hunden, die aufgrund von Schmerzen ein starkes unerwünschtes Verhalten welcher Art auch immer an den Tag legen, erst einmal einige Gänge herunterzuschalten und sie in kleinen Schritten in den Alltag zu integrieren. Das Ziel ist, dass der Hund neue und vielleicht für ihn schwierigere Situation wahrnehmen und erleben kann – mit Distanz und mit Zeit – , aber nicht mehr emotional darauf reagieren muss. Erst einmal ist das emotionale Umlernen an der Reihe. Hunde aus Situationen mit Futter oder Futtersuche abzulenken ist ein legitimes Hilfsmittel, aber eben nur das. Wenn Sie möchten, dass Ihr Hund in der Lage ist, neue Situationen wahrzunehmen und sie einfach ruhig betrachten kann bzw. sich vielleicht sogar selbst rausnehmen kann, dann ist das definitiv ein Lernmoment. Als Hundehalter werden Sie sehr viel mehr über die aktuellen Fähigkeiten und Möglichkeiten Ihres Hundes lernen und aufgrund des Sicherheitsabstandes auch selber ruhiger bleiben können. Auch hier betone ich gern noch einmal, dass es bei einem Hund, der aufgrund von Schmerzen reagiert, wenig Sinn macht, an seinem „Fehlverhalten" zu trainieren, zum Beispiel mit Nähe zum Auslöser, mit Impulskontrollübungen, mit Rangordnungsreduktionen und ähnlichem. Sie machen sich selber nur unglücklich dabei und ein Scheitern ist vorprogrammiert.

Das Reiz-Reaktionsprinzip

Bevor man über Orthopädie, Form-Funktions-Veränderungen oder über Schmerzmechanismen / Pathologien spricht, finde ich es sinnvoll, über das aktuell praktizierte und allgemein gültige Krankheitsmodell zu sprechen. Es ist offensichtlich, dass aufgrund dieser Mechanismen oft vergessen wird, warum eine Pathologie entsteht oder dass ein Laborbefund auch noch andere Hintergründe haben kann. Als Beispiel können wir in diesem Kontext noch einmal die Schilddrüsenunterfunktion nennen. Sehr oft werden junge Hunde in der Praxis mit einem müden und lustlosen Verhalten, das Niedergeschlagenheit suggeriert, vorgestellt. Genauso kann es sich um Hunde mit Angst und Aggression handeln. Beides sind sicher allgemeine Symptome einer möglichen Schilddrüsenunterfunktion. Berücksichtigt man hingegen das junge Alter, beispielsweise zwei Jahre alt, so sollte dies jeden Tierarzt aufhorchen lassen. Wenn jetzt der T4-Wert tief liegt, scheint die Schilddrüsenunterfunktion recht klar und es wird nicht weitergesucht. Ist dieser einzelne Schilddrüsenwert jedoch wirklich so signifikant und aussagekräftig? Sollte man nicht noch weiter nach der Ursache dafür suchen? Man spricht aber von einer Unterfunktion der Schilddrüse. Aufgrund dieser Werte und des Verhaltens des Hundes erfolgt nun eine Substitution. Wenn sich aber nach der Substitution die Symptome nicht verbessern, sollte man spätestens hier stutzig werden. An dieser Stelle wird dann oftmals die Substitution suksessive hochgeschraubt in der Hoffnung, das

Verhalten würde sich normalisieren. Das tritt jedoch nicht ein, da die oftmals vorliegenden chronischen Schmerzen nicht in Betracht gezogen werden. Leider ist dies kein Einzelfall.

Im Grundstudium der Medizin und Veterinärmedizin werden Anatomie, Physik, Chemie, Biochemie und Physiologie gelehrt, damit die wissenschaftlich theoretischen Grundlagen der Medizin vom Studenten verstanden werden. Somit lernt der angehende Arzt / Tierarzt den Körper und die Funktionen seines Patienten kennen und verstehen. Das im Medizinstudium vermittelte Modell entspricht dem von der Physik entwickelten Reiz-Reaktions-Prinzip der Mechanik und ist somit maßgeblich für den gewaltigen Fortschritt in der Medizin verantwortlich. Dieses Krankheitsmodell interpretiert den menschlichen / tierischen Körper nach dem Modell einer hoch komplexen chemisch-physikalischen Maschine. Ich ziehe immer den Vergleich mit einem Auto und dessen Antrieb und Motor und Elektronik. Hat man im System eine Betriebsstörung, so leuchtet eine Warnlampe auf. Anschließend ist es ratsam, die Betriebsanleitung zur Hand zu nehmen und darin nach dem angezeigten Fehler zu suchen. Es ist aber auch möglich, mit dem Auto in die Werkstatt zu fahren, um dort das Diagnosegerät anzukoppeln und anschließend eine Liste von Fehlern zu erhalten. So verhält es sich auch mit der modernen Medizin. Hat der Mensch oder das Tier ein medizinisches Problem, geht man zum Arzt oder in die Klinik. Nach kurzer Untersuchung erfolgt die technische Untersuchung. Darunter versteht man Labor, Röntgen, EKG, MRI oder CT. Je nach Entwicklungsstand der Medizin wird diese Liste der technischen Untersuchungsmöglichkeiten immer länger. Man versucht mit allen zur Verfügung stehenden Mitteln, die Ursache der Betriebsstörung mit labortechnischen oder bildgebenden Mitteln zu ergründen und zu bestätigen. Für alle die Fälle, bei denen man das Problem ermitteln kann, stellt der Fortschritt der Medizin auch eine dankbare Situation dar. Es kommen aber noch genügend medizinische Probleme vor, bei denen trotz allen Anstrengungen und Diagnosemöglichkeiten keine Ursachen gefunden werden. Trotz dieses diagnostischen Instrumentariums bleiben die Tiere häufig ohne Diagnosen für die vorhandenen medizinischen und orthopädischen Probleme. Für die Tierbesitzer ist dies eine unbefriedigende Situation, und natürlich für den Hund auch, denn Hilfe ist nicht in Sicht. Bei allen Untersuchungen wird vor allem auf strukturelle Veränderungen fokussiert, aber funktionelle Veränderungen wie eine veränderte Bewegung oder das Empfinden von Schmerzen kann man nicht messen oder darstellen – zumindest jetzt noch nicht. Gerade beim Schmerzprozess, vor allem bei chronischen Schmerzpatienten, muss man sich auf Schmerzberichte verlassen. Diese sind einerseits subjektiv und anderseits manipulierbar. Jeder Hundebesitzer sollte wissen, dass es niemand hilft, wenn Faktoren nicht erwähnt werden oder die Situation verschönert dargestellt wird. Wenn dieses Prozedere Lücken hat, gibt es immer noch die Möglichkeit der funktionellen Messungen, die später noch beschrieben werden.

Eines der wichtigsten Symptome der Betriebsstörung sind Schmerzen! Der Schmerz übernimmt im Körper eine Warnfunktion: eine Entzündung oder ein Problem der Achillessehne, egal wie, Schmerz warnt. Wird dieses Warnschild wahrgenommen, kann eine adäquate Therapie vorgenommen werden. Somit kommt das Körpersystem wieder möglichst schnell zurück zu einem normalen Betriebsmodus. Wird aber dieses Warnschild „Schmerz" nicht genügend respektiert, so hat dies zwei Auswirkungen. Zum einen wird das defekte Betriebssystem überbelastet. Hier ist es dann eine Frage der Zeit, dass andere Teilsysteme in Mitleidenschaft gezogen werden. Und so wird aus einem – möglicherweise – kleineren Problem eine enorme Störung, die nur noch schwer oder nicht mehr zu beheben ist. Nicht selten führt dies zum Tod des Patienten (durch Euthanasie). Anderseits ist es aber möglich, dass der Schmerz die „Warnsignalfunktion" verliert, und da man zu lange mit der Therapie wartet, wird der Schmerz zu einer eigenen Pathologie. Das ist vermeidbar, wenn man bei der Untersuchung „ums Eck denkt".

Woran liegt das? Für einen Teil dieser Fälle stelle ich immer wieder fest, dass man sich zu fest auf die apparative Medizin fokussiert hat. Es wurde vergessen, den Hund nach den geltenden Grundregeln zu untersuchen und voreilig wurde die Spirale der Diagnostik gewählt. Letztendlich konnte man keine pathologischen Befunde erheben und damit auch das Problem nicht lösen. Bei einer sorgfältigeren Untersuchung, die nicht nur mit dem Intellekt, sondern auch mit den Fingern, Augen, Ohren, Erfahrung und der Intuition gemacht worden wäre, wäre der Fall allenfalls gelöst worden. Es ist genau die Absicht dieses Buches, für diese Möglichkeit zu sensibilisieren.

Etwas komplizierter verhält es sich bei den Fällen, die man aus der Erfahrung schon etliche Male hatte und wo sich aus Erfahrung der Therapieerfolg auch schnell einstellen sollte, in einem vorliegenden Fall dies sich nun aber ganz anders verhält. In diesen Situationen erlebt man dann als Tierarzt, dass ein Krankheitsmodell nur in der Regel so funktioniert. Jedoch hat die Regel auch Ausnahmen, deren Ursachen man nicht so einfach bestimmen kann. Und so kommen wir wieder zum Schluss, dass jeder Patient einzigartig ist, und auch wenn die Diagnose die gleiche ist, die Reaktion des Patienten darauf ist und bleibt individuell und sollte so betrachtet werden.

Um dieses Reiz-Reaktions-Modell noch genauer zu beschreiben, müssen wir uns für diese Defekte im Hundekörper auf drei Prinzipien fokussieren:

- Die Biomechanik
- Die Neuro-Biomechatronik (Steuerung von Bewegung und Verhalten)
- Die Biokybernetik

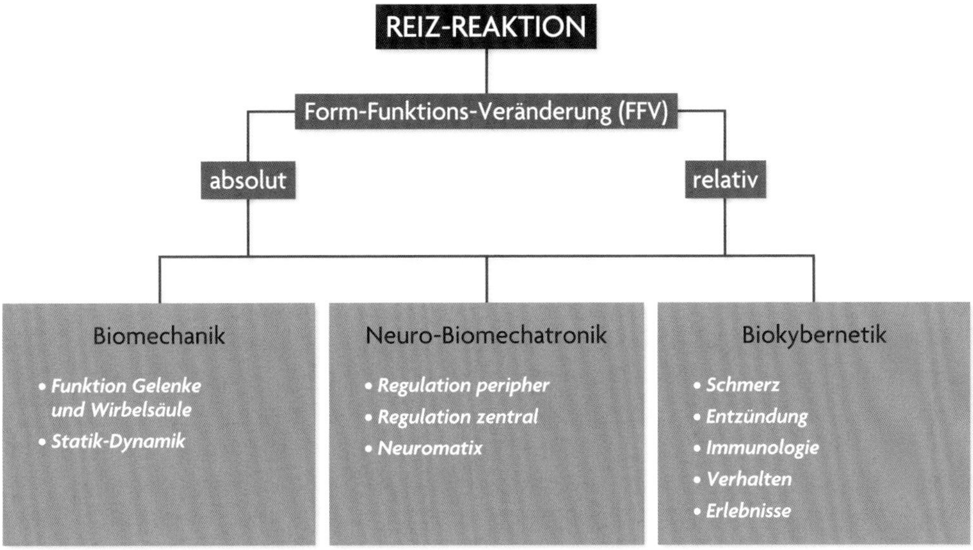

Bei der **Biomechanik** beschreiben wir das Framework (Skelett) des Hundes, somit den ganzen Körper in Statik und Dynamik. Ein Rohrleitungsbruch in diesem System löst eine Entzündung und Schmerzen aus. Somit ist es wichtig, dass das Fundament des Körpers als Ganzes regulär oder physiologisch reagiert.

Die **Neuro-Biomechatronik** beschreibt kurz und knapp die Steuerung des Körpersystems. Es ist somit mit einer Schaltzentrale zu vergleichen. Hier werden Fehlfunktionen im Körper registriert und versucht zu regulieren und zu korrigieren. Dies trifft für die Bewegung zu, aber auch für die Steuerung der Organe und natürlich auch die Hormone wie die Schilddrüse.

Die **Biokybernetik** beschreibt alle Prozesse im Körper, die in Aktivität und Energie zu verstehen sind. Nebst Schmerzen und Entzündung sowie die Immunologie sind dies dann eben die Prägung und Lebenserfahrungen. Damit der Hund als Individuum und als Gesamtheit gesund ist, müssen diese Aspekte für das Reiz-Reaktions-Prinzip ineinandergreifen und abgestimmt sein. Dadurch kann vermieden werden, dass **überhaupt** ein Defekt entstehen kann. Wenn dieser jedoch bereits entstanden ist, kann er schnell festgestellt und auch behoben werden.

Das Reiz-Reaktionsprinzip aus orthopädischer Sicht

Das Reiz-Reaktionsprinzip aus orthopädischer Sicht bedeutet letztendlich die Sichtweise der Form-Funktions-Veränderungen, genauer der Form-Funktions-Isometrie oder Asymmetrie. Dies bedeutet, dass eine Verletzung, ein Trauma, ein Unfall, auch wenn er noch so klein ist, Reaktionen im ganzen Skelettsystem auslöst. Generell kann gelten: Kleine Traumata lösen kleine Reaktionen aus, große Traumata lösen große Reaktionen oder Folgen aus. Jedoch zeigt sich im Praxisalltag, dass viele kleine Unfälle und Traumata am Ende zu einer großen Reaktion führen können. Wenn wir dieses Reiz-Reaktions-Prinzip weiterentwickeln, können wir dies wie in der folgenden Grafik aufgezeigt, aufschlüsseln:

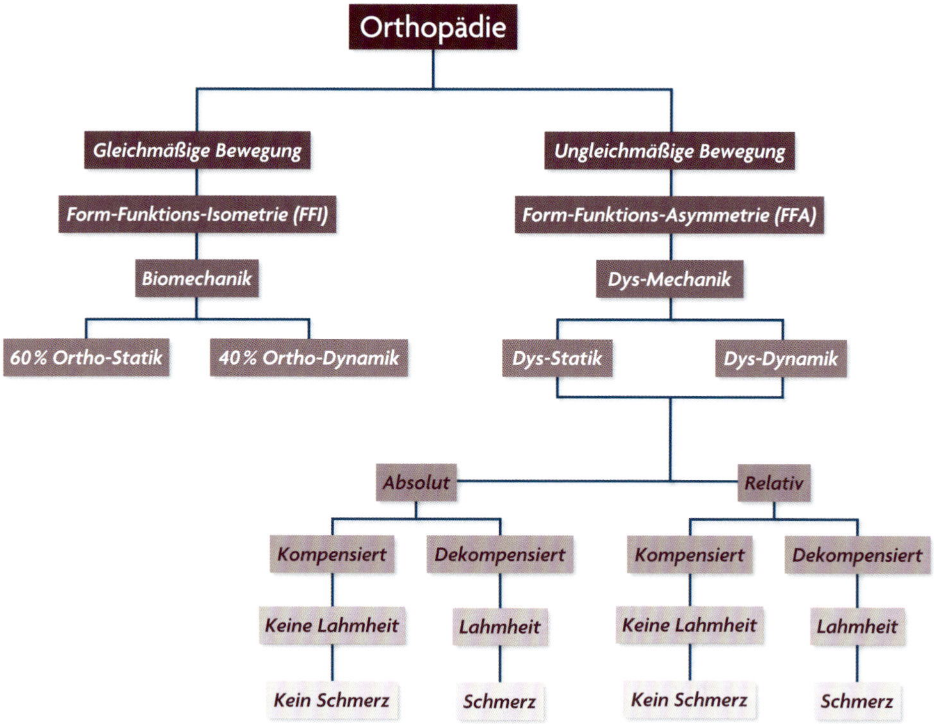

Wir können die Form-Funktions-Veränderung in eine absolute und relative unterteilen. Bei den **absoluten Form-Funktions-Veränderungen** bedeutet dies strukturelle Veränderungen im Skelettsystem, wie eine Hüftgelenksdysplasie oder eine Arthrose.

Bei den **relativen Form-Funktions-Veränderungen** sind dies vor allem funktionelle Veränderungen, wie beispielsweise ein Beckenhoch- oder tiefstand oder eine funktionelle Veränderung der Schulter. Hier wird es komplexer, da wir nicht nur Hoch- und Tiefstände unterscheiden müssen, sondern die ganze „Range of freedom" (Freiheitsgrad des Gelenkes) also die freie Beweglichkeit der Schulter auf Grund der Anatomie – nämlich die Schultergleitfläche (Synsarkose) genannt. Dabei sind die Ursachen der Lahmheit sehr oft Weichteilveränderungen und ebenfalls Schmerzen in den Weichteilen, nämlich vor allem Muskeln, Sehnen und Bänder.

Wir unterscheiden weiter die **kompensierte Form-Funktions-Veränderung**, dabei hinkt der Hund nicht und zeigt auch keine Schmerzen, sowie die dekompensierte Form-Funktions-Veränderung, bei der der Hund hinkt und auch Schmerzen hat. Die Schmerzen könnte man weiter unterteilen in Bewegungs-Schmerz, Anlauf-Schmerzen und Ruhe-Schmerzen.

Die Form-Funktions-Veränderung kann generell in eine Isometrie unterteilt werden, wenn das Skelettsystem physiologisch-anatomisch ist, also ohne Probleme funktionieren kann. Das Gegenteil ist eine Form-Funktions-Asymmetrie, bei der Veränderungen im Skelett vorhanden sind und somit die Funktionalität nicht mehr physiologisch ist, sondern pathologisch, also krankhaft.

Als Beispiel möchte ich die Bizepssehnen-Erkrankung beim Hund erwähnen. Diese Erkrankung ist in den meisten Fällen eine Folge der veränderten Biomechanik der Schulter. Das rührt daher, dass die Befestigung der Schulter einer Synsarkose entspricht, dies bedeutet, die Verbindung zwischen Schulter und dem Brustkorb ist eine muskuläre Verbindung und Befestigung. Somit zeigt diese Art der Anhaftung eine Weichteil-Verbindung und ist damit auch relativ instabil und anfällig für biomechanische Veränderungen. Als Gegenteil kennen wir beim Menschen die Rotatoren-Manschette, die eine deutlich größere Stabilität aufweist. Relative Formveränderungen der Schulter durch kleine Traumata ändern somit die Biomechanik der Schulter und damit die Zug-Druck-Achse der Sehne. Dies wiederum führt zu Reizungen und Entzündungen.

Form-Funktions-Veränderung (FFV)

Absolut (strukturell) → ***Befunde in Röntgen (RX), CT oder MRT***

Relativ (funktionell) → ***Keine Befunde in Röntgen (RX), CT oder MRT***

Hier versteckt sich auf eindrückliche Weise das Reiz-Reaktions-Prinzip. Zum besseren Verständnis – wenn eine Dame die ganze Woche auf High Heels und am Wochenende barfuß läuft, so kann die Achillessehne ebenfalls gereizt sein. Der High Heel symbolisiert die relative Form-Funktions-Asymmetrie. Wird auf High Heels verzichtet – hier am Wochenende – heilt die Achillessehne aus. Wird die veränderte Biomechanik der Schulter erkannt und auch aus orthopädisch-biomechanischer Sicht behandelt, heilt die Bizepssehne aus, und zwar ohne Operation. Zur Erinnerung; Sie haben in einem vorangehenden Abschnitt dieses Video bereits gesehen (S. 74).

Das Reiz-Reaktions-Prinzip aus orthopädischer Sicht bedeutet auch, dass sich die Statik-Dynamik beim Hund ändert und somit das ganze Skelettsystem in Mitleidenschaft zieht. Auch hier ist die Schultererkrankung ein gutes Beispiel. Der Schultergürtel ist die statische Achse, der Beckengürtel die dynamische, bewegende Achse. Verletzungen der Schultergliedmaße führen zu einer Fehl- und Überlastung der Vor- respektive der Hinterhand. Die erkrankte Schulter wird entlastet und die Hinterhand sowie Rücken werden überbelastet und können die normale Funktion aus biomechanischer Sicht nicht mehr gleichmäßig ausführen. Allenfalls läuft der Hund schräg in Außenstellung oder zeigt eine Ankurvatur respektive Rekurvatur (Vor- oder nach hinten gestellte Beckengliedmaße) der Hinterhand. Diese Situation sollte immer mitberücksichtigt werden, wenn man den Hund orthopädisch beurteilt. Diese Fehl- und Überlastungen sind funktionell wichtig zu beurteilen und können mit der strukturellen Diagnostik nicht diagnostiziert werden. Dazu sind funktionelle diagnostische Hilfen wichtig. Hier hilft uns die Bewegungsdiagnostik, im speziellen die mobile Bewegungsdiagnostik LupoGait®, bei der die Bewegungen des Hundes während des Laufens gemessen und übermittelt werden. Wird dies nicht berücksichtigt, so kann eine orthopädische Behandlung oder eine Physiotherapie nicht sinnvoll durchgeführt werden. Es sollte nun verständlich sein, dass bei Nicht-Berücksichtigung solcher biomechanisch veränderten Mechanismen im Hundekörper Schmerzen entstehen, die zu Folgen im Verhalten führen können. Wie aus der Humanmedizin hinlänglich bekannt ist, führt der chronisch anhaltende Schmerz beim Menschen zur Depression, wodurch wiederum die Empfindung von Schmerzen verstärkt wird. Diesen Mechanismus haben wir im Kapitel über die Somatisierung beschrieben.

Die Schulterproblematik haben wir nun aus orthopädischer Sicht erklärt. Für den ganzheitlich betrachteten Hund hat dies Folgen: Kybernetisch kommt es zum Leistungsabfall, und je nach Ausmaß der Schulterproblematik beispielsweise auch zu Atembeschwerden sowie Husten, da die Halswirbelsäule in Mitleidenschaft gezogen ist und letztendlich sind da natürlich auch die Schmerzen. Diese Schmerzen sind vor allem belastungsabhängig, das heißt: mehr Bewegung, mehr Schmerzen. Außerdem kann ein Ruheschmerz nicht ausgeschlossen werden. Somit ändern sich die Lebensqualität und das Wohlbefinden, denn der Hund hat mit dem Schmerz einen Stressor, der letztendlich auf seine Persönlichkeit Einfluss nimmt. Und so wird sein Verhalten beeinflusst. Leistungsabfall, Desinteresse und Rückzug, aber auch Aggression sind klassische Folgen. Kurz und gut – eine unbehandelte oder nicht orthopädisch-biomechanisch behandelte Schulterproblematik hat Konsequenzen für die Lebensqualität und die psychische Verfassung. Diese Hunde kommen nicht zu einer angemessenen Bewegung und Aktivität, was nicht nur im Falle von Sporthunden eine Folge für die Mensch-Hund Beziehung haben kann.

Das holistische Krankheits- und Schmerzmodell – Das Lawinen-Modell

Das Ziel dieses Modells ist grundsätzlich die interaktive und integrale Erfassung einer Erkrankung beim Hund. Einfach ausgedrückt sollen somatische (körperliche) Symptome wie Durchfall, Erbrechen oder Hinken in eine vollumfängliche Betrachtungsweise beim Hund mit einbezogen werden, indem auch der Hund als Individuum berücksichtigt wird. Ein einfaches Beispiel: Der Hund hinkt vorne und es entsteht eine Überlastung in der Hinterhand sowie im Rücken. Durch all das hat der Hund Schmerzen und zeigt ein verändertes Verhalten – Aggression oder auch Rückzug innerhalb der Familie. Eigentlich sehr einfach, und dennoch kann diese Rückverfolgung sehr schwierig und aufwändig sein.

Streng genommen müsste man das Lawinen-Modell anders benennen: Das ortho-kybernetische-psycho-soziale Krankheits- und Schmerzmodell – es ist ein funktionell orthopädisches, funktionell neurologisches sowie funktionell physiologisches Krankheits- und Schmerzmodell.

Das bedeutet eine ganzheitliche Beurteilung, also eine allumfassende Betrachtungsweise von Krankheiten und Schmerzen. Wie oben bereits beschrieben, kann der Schmerz eine Warnfunktion übernehmen, aber auch zur eigenständigen Krankheit werden. Als Warnfunktion braucht der Schmerz keine weitere Betrachtungsweise, da er als Wachrüttler oder als Früherkennungssystem fungiert und agiert. Der Schmerz informiert uns: „Achtung, es ist ein nicht regulärer Prozess im Körpersystem im Gang."

Sobald der Schmerz als Warnsystem übersehen wird, kann er sich verselbstständigen, chronisch werden oder chronifizieren. Chronifizieren bedeutet, dass nachfolgende Körpersysteme in Mitleidenschaft gezogen werden. In der Orthopädie und generell in der Medizin ist dies relativ einfach darzustellen: ein entzündlicher, schmerzhafter Prozess im Ellbogen veranlasst den Hund, das Gewicht aus der tragenden Achse der betroffenen Schultergliedmaße nach hinten, also auf die Hinterhand zu verlagern. Dies bedeutet somit, dass die Schubentwicklung der Bewegung aus der Hinterhand in Mitleidenschaft gezogen wird.

Gegen diesen Hintergrund wird nochmals klar: Bevor man eine Krankheit oder einen Schmerzprozess behandeln kann, muss man die Ursache erkennen und aus orthopädischer, neurologischer oder physiologischer Sicht einordnen. Der kybernetische Anteil in diesem Modell bezieht sich nun auf die Aktivität beziehungsweise auf einen Leistungsabfall beim Hund. Er wird lustlos, rastlos, unruhig oder hyperaktiv, überdreht und hibbelig, er zieht sich möglicherweise aus der Familie zurück oder mischt diese auf. Die psycho-soziale Komponente geht nun einen Schritt weiter und beschreibt die Einstellung und das Wesen des Patienten sowie die Interaktion mit seiner Umwelt. Es ist klar, dass ein Schmerzpatient sein Verhalten ändern kann: Angst, Aggression oder ein depressives, hyperaktives und offensives Verhalten ist möglich. Dies involviert selbstverständlich das eigene menschliche Umfeld wie auch fremde Personen und Artgenossen.

All diese Informationen sollten beim Schmerzpatienten in der Anamnese und Diagnostik aufgenommen werden und die Therapieoptionen beeinflussen. Dies ist eine weitere Art und Weise der multimodalen Schmerztherapie, indem man sämtliche Aspekte und Auswirkungen einer Schmerzpathologie berücksichtigt und in die Therapie integriert.

Praxisfälle im Zusammenhang mit dem Krankheitsmodell

Im folgenden Abschnitt werden wir im Zusammenhang mit dem Krankheits- und Schmerzmodell einige Beispiele aus der Praxis ergänzen, um Ihnen das bisher Erfahrene in praktischen Beispielen zu untermauern. Es ist möglich, dass das eine oder andere Ihnen aus eigener Erfahrung bekannt vorkommen könnte.

Wir nehmen als Beispiel eine Hüftgelenksdysplasie beim Welpen und Junghund. Bei dieser Erkrankung können Bewegungsanomalien und auch auffälliges Verhalten beobachtet werden. Werden diese ignoriert – weil bei einem jungen, neuen Hund nicht sein kann, was nicht sein darf – so kann dies eben Folgen nach sich ziehen. Es ist keine Ausnahme, wenn eine solche Erkrankung ein aggressives Verhalten beim Hund auslöst. In der Welpen-Studie, die bei mir von 2019–2022 durchgeführt wurde, habe ich beobachtet, dass diese Welpen nebst den Gangbildveränderungen sehr oft hibbelig und rastlos waren. In der Humanmedizin würden wir von ADHS sprechen. In die Hände beißen, hyperaktives und ruheloses, sehr bewegliches und repetitives Verhalten sind bei diesen Welpen oder Junghunden sehr oft in Zusammenhang mit Schmerzen zu beobachten und zu betrachten. Weitere Symptome sind häufiges Kratzen am Hals oder hinter den Ohren, Augenausfluss – gelblich oder farblos – Augenringbildung oder Wirbelbildung am Kopf oder um das (die) Auge(n) herum. Generell kann das Fell struppig und matt erscheinen, es fühlt sich überhaupt nicht weich und seidig wie ein Welpenfell an. Auch wiederkehrende Probleme im Verdauungssystem, wechselnde Stuhlkonsistenz, Kolik, Giardieninfektionen und Unverträglichkeiten sind bei jungen Hunden oft ein Zeichen von verminderter Immunkompetenz. Man nennt diese Keime fakultativ pathogen, also nur Durchfall auslösend, wenn die Immunsituation beim Hund reduziert ist. Hier gilt als wichtigster Stressor der Schmerz. Das wird meistens nicht mit Schmerzen in Verbindung gebracht, vor allem nicht bei einem Welpen oder einem Junghund. Dies sind nur einige Beispiele des Lawinenmodells, sie gehören jedoch zu den häufigsten Symptomen bei Junghunden.

Bei all dem muss man leider realisieren, dass unsere Medizin mit vielen alltäglich vorgestellten Fällen in ihrer Komplexität an die zeitlichen Grenzen kommen. Gerade beim Welpen mit den Kopf-Symptomen ist dies oft der Fall. Die Kontrolle von Ohren und Augen gibt keinen Hinweis auf eine Erkrankung, der Grund liegt aber in den Kopfschmerzen. Auf diese Tatsachen kommen wir noch später in diesem Buch zu sprechen. Um diese Verbindungen etablieren zu können, braucht es Zeit für eine eingehende Untersuchung. So wird heute bei komplexen Fällen die diagnostische Spirale durchgeführt, mit der Hoffnung, eine Ursache und Diagnose für das Unwohlbefinden Diagnose festzustellen, andernfalls wird zur Symptomentherapie übergegangen. Bei Verhaltensauffälligkeiten hilft dieses Vorgehen in den allermeisten Fällen nicht und das bedeutet der Anfang eines langen Leidensweges für alle Beteiligten. Tierärztliches Wissen und tierärztliches Know-How sollten gerade in diesen Fällen in Verbindung mit einer Kombination von Erfahrung und Wissen angewandt werden. Anders ausgedrückt: es braucht eine andere Herangehensweise an solche Fälle. Hier hilft es, das oben bereits beschriebene Lawinenmodell einzusetzen.

Wie ein solcher Fall bearbeitet wird, schildert uns nachfolgend Manuela mit ihrem Hund Dushana. Dushana war ein Arbeitshund und hatte eine längere Krankengeschichte, die diese diagnostische Spirale deutlich darstellt.

Fallgeschichte Dushana

Die Hundehalterin berichtet:

Die heute zehneinhalbjährige Dushana ist ursprünglich eine bulgarische Straßenhündin, die mit etwa zehn Monaten aus einem Zürcher Tierheim zu uns kam.

Gesundheitlich war sie schon immer sehr anfällig. Sie hatte oft Durchfall und mit etwa drei Jahren kamen dann noch Rückenprobleme hinzu. Durch Futterumstellung und Chiropraktik bekamen wir diese beiden Probleme mit der Zeit einigermaßen in den Griff.

Anfang 2016, mit ca. zehn Jahren, verschlechterte sich ihr gesundheitlicher Zustand erneut. Zum einen litt sie an starkem Durchfall und Erbrechen, dazu kamen plötzlich auftretende Gleichgewichtsprobleme, manchmal sogar verbunden mit Orientierungslosigkeit. Bei letzterem vermutete unser Haustierarzt, es könnte sich um das Vestibularsyndrom handeln, woraufhin sie entsprechend medikamentös behandelt wurde. Nach ein paar Wochen hatte sie sich komplett erholt – für uns schien die Sache somit wieder in Ordnung zu sein. Beim Durchfall und Erbrechen sprach sie nicht auf die Behandlung an. Unser Haustierarzt verwies uns daher zur weiteren Abklärung an eine Tierklinik. Dort wurden Blutuntersuchungen und ein Ultraschall des Magens gemacht. Eine eindeutige Diagnose konnte nicht gestellt werden; es bestand lediglich der Verdacht einer Gastritis. Als nächster Schritt wäre eine Endoskopie – was eine Narkose vorausgesetzt hätte – notwendig geworden. Da in der Zwischenzeit die Gleichgewichtsprobleme erneut auftraten, wurde auch noch ein Neurologe hinzugezogen. Dieser untersuchte Dushana im Hinblick darauf, ob es sinnvoll wäre, in derselben Narkose auch gleich noch ein CT des Rückens bzw. des Gehirns zu erstellen. Die beiden Ärzte kamen zum Schluss, dass weitere Untersuchungen sowohl des Magens als des Rückens wohl keine neuen Erkenntnisse bringen würden und rieten uns davon ab. Ihre Empfehlung war, einmal abzuwarten und wieder vorbeizukommen, wenn sich Dushanas Zustand verschlechtert.

Der Arzt, der die Ultraschalluntersuchung durchführte, hatte auf Grund der kleinen Nebenniere den Verdacht, Dushana könnte an Morbus Addison leiden, was vom anderen behandelnden Arzt jedoch dementiert wurde. Die Ernüchterung war ziemlich groß: hatten wir nach all diesen Untersuchungen noch immer keine klare Diagnose, dafür aber einen Hund, dem es nach wie vor sehr schlecht ging. Wir entschlossen uns, eine Zweitmeinung einzuholen und konsultierten einen anderen Arzt. Auch er schloss eine Addison-Erkrankung nicht aus und behandelte Dushana mit Kortison. Es ging ihr damit zwar etwas besser, aber die wirkliche bzw. einzige Ursache für ihren schlechten

Zustand schien dies nicht zu sein. Dieser Arzt stellte zudem ein Herzgeräusch fest. Die Diagnose der Herzultraschalluntersuchung lautete: beginnende Endokardiose (degenerative Erkrankung der Herzklappen), was die tägliche Gabe von Vetmedin zur Folge hatte.

Da Dushana im Sommer immer noch regelmäßig an Durchfall und Erbrechen litt, ließen wir doch eine Endoskopie durchführen, welche die Gastritis schließlich bestätigte. Wir stellten daraufhin das Futter auf BARF um. Seither sind Durchfall und Erbrechen kein Thema mehr und es ging ihr diesbezüglich sehr schnell besser. Dafür begann sie nach der Endoskopie zu husten und zu würgen. Es folgte deshalb nochmals eine Ultraschalluntersuchung. Für das Husten gab es keine Erklärung, der Arzt war sich dafür ziemlich sicher, dass Dushana an Addison leidet (da sie positiv auf das Kortison angesprochen hatte). Er meinte, dass Kortison nicht das optimale Medikament für die Behandlung von Addison sei und verabreichte ihr zusätzlich zum Kortison und dem Vetmedin noch ein weiteres Medikament, welches sie täglich einnehmen musste. Wir waren überhaupt nicht erfreut, den Hund mit Medikamenten vollzustopfen, ließen es dann aber doch zu in der Hoffnung, nun endlich die Lösung für ihre gesundheitlichen Probleme gefunden zu haben.

Nebst all diesen Problemen wurden auch die Gleichgewichtsstörungen und die Orientierungslosigkeit zusehends schlimmer. Dushana hatte bei gewissen Kopfbewegungen Schmerzen, konnte keine Treppen mehr rauf und runter laufen und die Spaziergänge beschränkten sich auf maximal fünf Minuten. Zudem zog sie sich immer mehr zurück. Dushana ist ein Bettwanzenspürhund. Die Einsätze waren für sie immer das Größte. Ihre schlechte Verfassung ließen diese Aufgabe dann natürlich nicht mehr zu. Kurze Trainingseinheiten absolvierte sie jedoch noch ganz lange mit großer Begeisterung. Als sie auch dazu keine Lust mehr hatte, war ganz klar, wie schlimm es um sie steht. Für uns war diese Situation fast unerträglich. Nach so vielen Untersuchungen bei verschiedenen Ärzten konnte uns niemand sagen, was Dushana fehlt. Wir mussten uns mit dem Gedanken auseinandersetzen, sie von ihren Schmerzen zu erlösen. Die Hoffnung, dass es doch noch einen Arzt gibt, der eine klare Diagnose stellen kann und Dushana bestenfalls an einer behandelbaren Krankheit leidet, war dann aber doch größer. Und so nutzten wir die wenige Zeit, die uns dafür noch blieb und konsultieren auf Anraten einer Bekannten Dr. Patrick Blättler Monnier, auf.

Bei Dushana kam von Anfang an das neue Krankheits- und Schmerzmodell zum Tragen. Die lange und ausführliche Anamnese und die orthopädisch-neurologische sowie internistische Untersuchung wurden zusammengetragen. Die zentralen Symptome, die sich immer wiederholten, waren nach Meinung von Dr. Blättler-Monnier die Gleichgewichtsprobleme. Zusätzliche Befunde am Kopf veranlassten ihn, die Neurolokalisation in die Region des Hirnstamms zu fokussieren. Sein Verdacht war leider ein Tumor, ein Meningeom. Der Hund wurde nach der ausführlichen Untersuchung in ein MRT überwiesen und somit konnte der Verdacht bestätigt werden. Da das Meningeom ein langsam wachsender Tumor ist und Dushana ein erfolgreicher Arbeitshund ist, wurde die Hündin im Anschluss auf der onkologischen Abteilung im Tierspital weiter erfolgreich behandelt. Die Symptome konnten so in Griff gehalten werden, Dushana konnte weiterhin erfolgreich arbeiten und vor allem sie war dabei voll zufrieden und hatte eine sehr gute Lebensqualität. Nach anderthalb Jahren hatte sie ein Rezidiv des Tumors und wurde erneut behandelt, aber der Erfolg blieb dann leider aus. Bevor Dushana die Lebensfreude sowie die Qualität der Lebensenergie verloren hatte, trat sie die letzte Reise an.

An diesem Beispiel sollte nun offensichtlich sein, wie wichtig ein stimmiges und passendes Schmerz- und Krankheitsmodell wäre. Bekanntlich mahlen die Mühlen langsam.

Zentralisation des Schmerzes: Kopfschmerzen beim Hund

Wenn wir beim Hund über Verhaltensauffälligkeiten im Zusammenhang mit Schmerzen sprechen, so müssen wir unbedingt das Thema Kopfschmerzen ansprechen. Hunde haben einen Kopf, also kann dieser auch weh tun. Wir haben in diesem Buch schon mehrmals Vergleiche zu dem Schmerzphänomen in der Humanmedizin beschrieben, und deshalb ist es an dieser Stelle absolut nicht zu verwundern, dass auch beim Hund Kopfschmerzen vorkommen können.

Auch hier wiederum muss auf strukturelle sowie funktionelle Veränderungen geachtet werden und viel Erfahrung bei der Diagnostik und Therapie zum Einsatz kommen. Hier war die Kinematik-Software (eine Software, die Bewegungsabläufe misst) namens LupoGait®, die ich entwickelt habe, sehr hilfreich in Diagnostik und Therapie. Durch die Behandlung der Kopfschmerzproblematik konnten im Anschluss daran die kinematischen Veränderungen über das Ausmaß und die Folgen der Kopfproblematik Auskunft geben. Eine qualitative Befragung, wie dies beim Menschen üblich wäre, ist beim Hund ja bekanntlich sehr schwer.

Im folgenden Abschnitt werden wir auf wir verschiedene Kopfschmerz-Formen eingehen. Sie sind wohl vergleichbar mit Kopfschmerzen bei Menschen in der

Symptomatologie, die Lokalisation sowie die Ursache sind aber dennoch verschieden. Eines der Hauptsymptome beim Hund mit Kopfschmerzen ist Angst. Viele Hundebesitzer, aber auch Hundetrainer denken in diesem Zusammenhang an die Schilddrüse oder an schlechte Erfahrungen im früheren Leben des Hundes und setzen alles auf diese Karte. Oft jedoch sind die T3 und T4 sowie die freien T3 und T4 Werte und auch der TSH im Blutbild in der Norm. Das sind oftmals die Fälle, bei denen wir nach einer eingehenden orthopädischen und neurologischen Untersuchung des Kopfes und der Halswirbelsäule tatsächlich Kopfschmerzen als Ursache finden. Zu beachten: es besteht kein kausaler Zusammenhang zwischen Kopfschmerzen und einer Schilddrüsenunterfunktion, die Ausnahme wäre ein Tumor im Mittelhirn, aber wohl zwischen den zugrundliegenden Problemen im Skelett und der Schilddrüsenunterfunktion. Dies ist vor allem beim jungen Hund offensichtlich. Später in diesem Buch haben wir ein Fallbeispiel dazu.

Neuere Studien aus 2019 zeigen nun den Zusammenhang zwischen Angststörungen beim Hund sowie der stärkeren interneuronalen Vernetzungen zwischen den verschiedenen Hirnregionen im Mittelhirn. Dazu gehören vor allem die Amygdala sowie der Hippocampus. Diese Beobachtungen stehen im direkten Zusammenhang zu Befunden, die beim Menschen erhoben wurden. Die Forschergruppe um Yangfeng Xu hat in diesem Zusammenhang eine Gruppe von Hunden untersucht, 25 gesunde sowie 13 Hunde, bei denen Angstzustände diagnostiziert wurden mittels nicht-invasiver funktioneller MRT (fMRT) Studie. Die fMRT-Untersuchung im Ruhezustand zeigte, dass die funktionellen Verbindungen zwischen der Amygdala und dem Hippocampus bei ängstlichen Hunden stärker waren als bei ihren entspannten Artgenossen. Innerhalb dieses „Angstkreislaufs“, wie die Forscher das Netzwerk nennen, waren die neuronalen Verbindungen von ängstlichen Hunden stärker. In künftigen Studien kann nun genauer untersucht werden, wie genau angstbezogene Schaltkreise in diesem Teil des Gehirns bei Tieren – und möglicherweise sogar bei Menschen mit dieser Erkrankung – verändert sind. Wenn wir die Lokalisation im Mittelhirn betrachten, sehen wir den Zusammenhang zu den Bewegungsstörungen einerseits sowie zu den Schmerzprozessen andererseits. Da die Kohorte an Hunden zu klein war, brauchte es mehr Untersuchungen, um diese Zusammenhänge weiter zu differenzieren. Hier ist zu erwarten, dass uns die Forschung noch einiges an Information bescheren wird.

Migräne beim Hund

Dies sind Schmerzattacken, die vier bis 72 Stunden dauern können, begleitet von Licht- und Lärmempfindlichkeit, Übelkeit, Erbrechen, Leistungsabfall sowie Fellveränderungen am Kopf. Wird der Hund in diesen Schmerzattacken bedrängt oder zusätzlich gestresst, kann er mit Angst oder auch mit Aggression reagieren. Selbstverständlich spielen hier auch Rassezugehörigkeit wie Lebenserfahrungen eine Rolle. Der Kopf fühlt sich sehr warm an. Oftmals erkennt man Falten am Oberkopf.

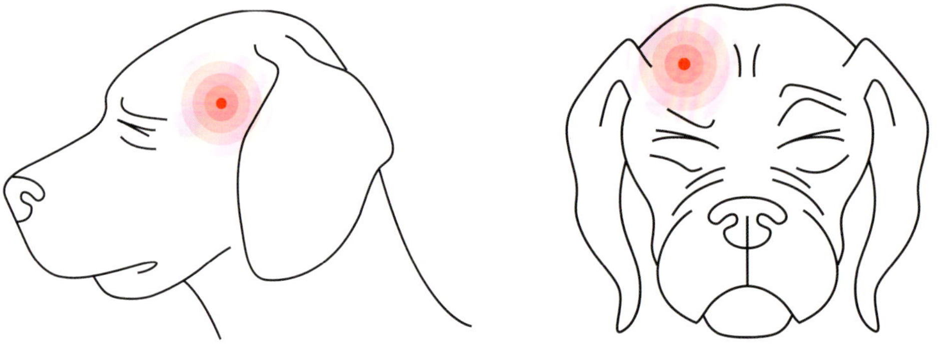

Spannungskopfschmerzen (Halswirbelsäule)

Der Spannungskopfschmerz betrifft den ganzen Kopf und ist dumpfer als die Migräne. Auch fallen Licht- sowie Lärmempfindlichkeit sowie auch Übelkeit oder Erbrechen weg. Dafür treten einerseits Schmerzen in der Halswirbelsäule auf, Kopfschiefhaltung sowie Lahmheiten der Schultergliedmaße, die atypisch sind. Diese Schmerzen können dafür länger anhalten oder ohne kausale Therapie sogar bestehen bleiben.

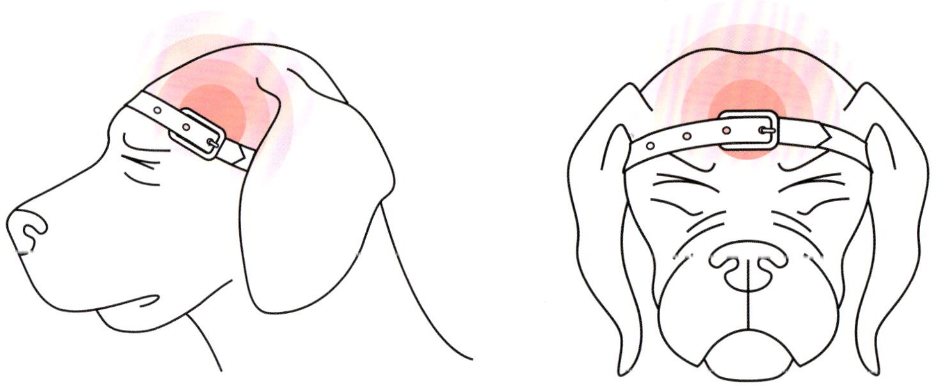

Clusterschmerzen

Beim Clusterschmerz sind die Schmerzen genau lokalisierbar: um das Auge herum, einseitig oder beidseitig. Dies fühlt sich an, als würde man ein Messer hineinstechen. Interessanterweise können die Augen erweitert oder kleiner erscheinen, vor allem Miosis (Verkleinerung der Pupille) oder Ptosis (herabhängendes Lid) fallen auf.

Posttraumatische Kopfschmerzen (Schädel-Hirn-Trauma)

Die posttraumatischen Kopfschmerzen können akut oder chronisch auftreten. Bei den chronischen Kopfschmerzen sind diese länger als acht Wochen vorhanden. Dabei kann das stumpfe Trauma den Kopf oder die Halswirbelsäule betroffen haben. Dieser Aspekt sollte vor allem bei Welpen in Betracht gezogen werden, da diese durch Spiel, Toben, Body Checks und fehlende Koordination oft an Kopf und Halswirbelsäule stoßen und damit Schmerzen verursachen können. Dies gilt natürlich auch für den erwachsenen Hund, nur beim Welpen kommt erschwerend hinzu, dass die Koordination noch nicht ausgereift ist und andererseits die Bewegung zum Teil sehr unbeholfen ist. Auf dieses Thema werden wir zu einem späteren Zeitpunkt noch eingehen. Bei den erwachsenen Hunden sind meistens die stumpfen Trauma bedeutend schwerwiegender.

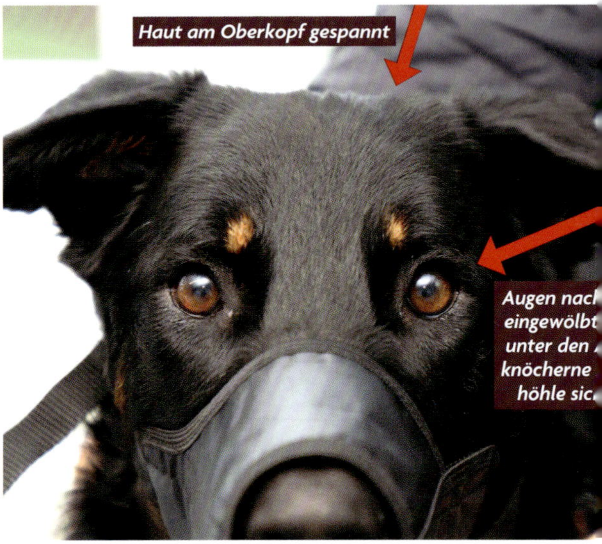

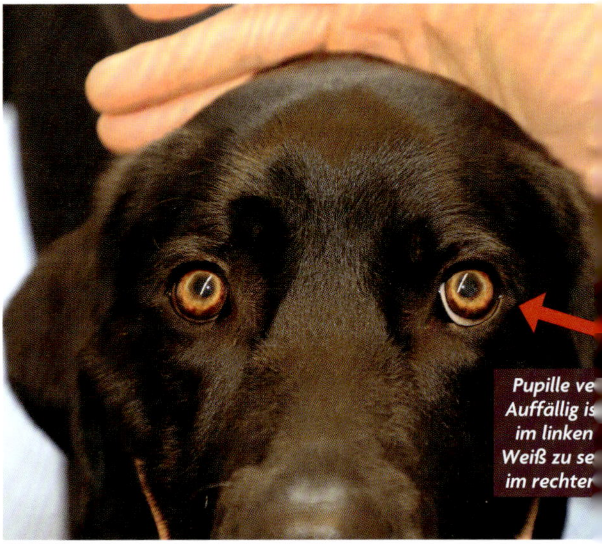

Drei Beispiele, wie Kopfschmerz aussehen kann.

Oben links: Spannungskopfscherzen
Oben rechts: Migränekopfschmerzen
Unten rechts: Clusterkopfschmerzen

Natürlich sind die an den Pfeilen angegeben Symptome nicht allgemeingültig und nie allein Grundlage für eine Diagnose, sondern nur Beispiele und immer im Kontext zu sehen.

Diese erklärenden Abschnitte wurden bewusst kurzgehalten. Ich möchte das Gesagte an zwei Fällen aus der Praxis etwas deutlicher aufzeigen.

Unser erster Patient ist Kyrill, ein kastrierter Entlebucher Rüde. Er wurde mir im Alter von sieben Jahren vorgestellt. Die Besitzerin Bettina hat nun den folgenden Abschnitt selbst verfasst.

Fallgeschichte Kyrill

Die Hundehalterin Bettina berichtet:

Kyrill kam mit zehn Wochen direkt von der Züchterin zu mir. Nach zwei Wochen bekam er die Canine Herpes-Virus-Infektion.

Seine Augenlider wölbten sich nach außen und waren voller Blasen. Nach intensiver Kortisonbehandlung hatten wir das nach gut drei Monaten überstanden. Das Einzige, was zurückblieb, waren stetig entzündete, stark gerötete und tränende Augen.

Kyrill entwickelte sich ansonsten normal. Mit achtzehn Monaten fingen die Probleme an. Er brachte die Hormone und die Nerven nicht unter einen Hut, was sich in stetigem Wechsel zwischen Angst, Verlustangst, Aggression, Flucht oder Gleichgültigkeit zeigte. Spielen mit anderen Hunden wollte er gar nicht. Kyrill konnte aus mir damals unerklärlichen Gründen plötzlich Angriffe starten, was zu teils heftigen Raufereien führte. In dieser Zeit hatte Kyrill sich eine eigene kleine Welt gebaut, in die er abtauchte, wenn er die Situation nicht mehr bewältigen konnte. In diesen Phasen war er fast nicht mehr ansprechbar.

Mit gut zwei Jahren steigerte er sich nervlich so hoch, dass er einen Epilsepsieanfall bekam. Dies war für mich der Ausschlag, meinen Hund kastrieren zu lassen, um ihm wenigstens die hormonelle Belastung zu nehmen. Von da an konnte ich mit Kyrill auch arbeiten. Wir starteten mit Obedience- und Agilitytraining. Dabei fiel mir auf, dass Kyrill in der Sitzposition immer den Kopf einzieht, als ob ich ihn täglich mehrmals verprügeln würde.

Auch seine Konzentration ließ zu wünschen übrig. Nach ein bis zwei Übungen war die Luft raus und Kyrill flüchtet sich in diverse Übersprunghandlungen oder tauchte wieder in seine eigene kleine Welt ab. Dann musste ich das Training abbrechen. Mit Kyrill muss man sehr flexibel sein. Denn es gab Tage, da funktioniert alles bestens und dann wieder Tage, da ging gar nichts. So konnte ich auch an Prüfungen erst kurz vor dem Start sagen, was er heute für einen Tag hat. Bei guter Verfassung lief alles reibungslos, bei schlechter musste ich erst gar nicht an den Start.

Die Odyssee begann – wir zogen von Tierarzt zu Tierarzt. Auch diverse Augenspezialisten vertrösteten mich, dass mein Hund nun einfach mit den entzündeten und tränenden Augen leben muss, da dies auch ein Problem der Rasse sei. Bei der letzten tierärztlichen Untersuchung sagte man mir, dass bei meinem Hund der Tränenkanal verstopft sei und man diesen operativ wieder öffnen müsse. Zum Glück habe ich auf diese Operation verzichtet.

Im Herbst 2013 hatte unser zweiter Entlebucher, eine knapp einjährige Hündin, die Hüfte verschoben und unsere Hundetrainerin schickte uns zu Herrn Dr. Blättler. Als wir ihm bei der Anamnese erzählten, dass die Hündin nach der Läufigkeit gleich scheinträchtig wurde und anschließend gleich wieder läufig und scheinträchtig war, erklärte er uns, dass dies auch ein anatomisches Problem sein könnte. Bei der zweiten Konsultation sprach ich Herr Dr. Blättler darauf an, wie es denn sei mit Hunden, die ständig entzündete und tränende Augen haben wie mein Kyrill. Herr Blättler stellte mir diverse Fragen, die ich alle mit ja beantworten konnte. Er war sich sofort sicher, dass mein Hund unter Kopfschmerzen leidet.

Ende Januar 2014 stellte ich Herr Dr. Blättler meinen Kyrill vor. Schon nach kurzer Zeit stand fest, dass mein Hund ein Problem in der Halswirbelsäule hat. Zwei Röntgenbilder gaben schnell Klarheit. Wäre Kyrill ein Mensch, würde man sagen, er hätte ein Schleudertrauma. Die Behandlung begann und es wurden sowohl die Halswirbelsäule als auch der Schädel orthopädisch manuell behandelt. Dies bedeutet, es gibt eine Druckveränderungen auf die einzelnen Knochenfragmente am Schädel, die einen neuro-mechanischen Einfluss auf den Schädel sowie die Durchblutung am Kopf und den Fluss der Hirnflüssigkeit nimmt. Schon nach kurzer Zeit merkte ich eine echte Veränderung meines Hundes. Seine Augen waren praktisch nicht mehr entzündet oder tränend. Auch in den Trainings konnte Kyrill sich plötzlich eine ganze Stunde konzentrieren und mitarbeiten. Er konnte auch gerade sitzen, ohne den Kopf einzuziehen. Die Wandlung von Kyrill fiel auch diversen Leuten auf, die ihn schon lange kennen. Und auch unsere Trainerin, die nichts von der Behandlung wusste, bemerkte die Veränderung sofort. Es folgten noch zwei weitere Behandlungen.

Kyrill wird immer Kyrill bleiben. Aber heute habe ich einen lebensfreudigen aufgestellten Hund an meiner Seite, der jetzt sogar mit anderen Hunden und auch alleine selbst spielen kann. Er kann nun auch eine ganze Trainingsstunde voll motiviert und konzentriert mitarbeiten.

● Kyrill war über Jahre ein Schmerzpatient, er hatte einen Clusterschmerz, der trotz vieler Tierarztbesuche nicht erkannt wurde. Auch bei mir hat es einige Jahre des Studiums gedauert, bis ich solche Prozesse erkannt habe. Es sind immer die unlösbaren Fälle in der Praxis, die mich veranlasst haben, nach den Ursachen zu suchen und zu forschen, warum Patienten keine Verbesserung auf eine Therapie zeigen. Wie Bettina beschrieben hat, blieb Kyrill Kyrill aber mit einer sehr guten Lebensqualität und dies ist die wichtigste Voraussetzung für solche Patienten.

Fallgeschichte Mawa

Hier erzählt Christine die Geschichte ihrer Hündin Mawa.

Im Januar 2012 kam Mawa mit neun Monaten zu uns.

An der Leine war sie bei Begegnung mit anderen Hunden eher unsicher, im Freilauf war es kein Problem. Sie liebte Erwachsene und Kinder, schmuste gerne und suchte Kontakt. Sie war eine aufgeweckte Hündin, aber bei Umweltreizen (Tiere, Gegenstände) eher unsicher und verbellte Unbekanntes heftig. Wir trainierten den Grundgehorsam und auch viel an der Impulskontrolle. Da ihr Jagdtrieb groß war, führten wir sie an der Schleppleine. Ruhepausen setzten wir oft und gezielt ein.

Ungefähr sechs Wochen später zeigte sich eine seltsame Veränderung: Sie verweigerte die Grundkommandos wie Sitz und Platz, wurde träge, galoppierte nicht mehr, quietschte mehrfach beim Aufstehen oder Hineinspringen ins Auto.

Wir stellten sie daraufhin einem Osteopathen vor – ohne Befund, aber auch dieser stellte fest, dass Mawa sich nicht gerne anfassen ließ. Einige Tage später streichelte eine Bekannte Mawa, die ohne Vorwarnung nach ihr knurrte und schnappte. Im Alter von einem Jahr zeigte sie noch keine Anzeichen einer Läufigkeit – sie war im Tierheim gespritzt worden, um die Läufigkeit zu unterbinden, aber die Wirkung der Spritze sollte eigentlich zu diesem Zeitpunkt schon längst nachgelassen haben. Bei einem der Tierarztbesuche wurde auch die Hüfte geröntgt, ein Blutbild veranlasst und dabei auch die Mittelmeerkrankheiten abgefragt. Ohne Befund.

Die Aggression gegen bekannte und unbekannte Hunde wurde mehr und es gibt weiterhin Vorfälle gleicher Art mit Menschen, auch aus dem Bekanntenkreis. Mawa reagierte nun aggressiv auf Hunde bei Sichtkontakt auf weiter Distanz.

Im August 2012 wurden wir an einen Spezialisten überwiesen. Hier ließ sich Mawa gar nicht anfassen und reagierte äußerst aggressiv, auch mit Maulkorb war kein Abtasten möglich. Es erfolgt eine CT unter Sedierung. Die Diagnose: Gebärmutterentzündung mit daraus entstandener Discospondylitis (Entzündung der Wirbelzwischenräume und der Gelenkflächen der Wirbel). Es wurde eine Kastration vorgenommen und sie bekam sechzehn Wochen lang Antibiotika. Immer wieder hatte sie heftige Schmerzschübe, auch mit Antibiotika. Sie konnte oder wollte sich nicht mehr hinlegen, konnte kaum Treppen steigen, nicht mehr ins Auto springen, ließ sich kaum mehr anfassen, lief bis zu zehn Stunden rastlos umher. Sie ließ sich nach der Kastration auch von uns kaum anfassen, um das OP-Body auszuziehen oder die Naht zu kontrollieren. Erst nach intensivem Training fasste sie wieder Vertrauen zu uns. Außer vom engsten Umfeld ließ sich Mawa kaum mehr anfassen. Sie schnappte lautstark nach den Personen.

Der Heilungsprozess wurde mit Chinesischer Medizin, Chiropraktik, Laserakupunktur und Kinesiologie unterstützt. Gleichzeitig trainieren wir am unerwünschten Verhalten: Klick bei Blickkontakt, Blick abwenden, erwünschtes Verhalten belohnen, verschiedene Futterqualitäten und in Ausnahmefällen Abbruchkommando.

Im Januar 2013 galt Mawa als gesund. Die Begegnungen mit Hunden besserten sich etwas, sie rastete bei Sichtkontakt nicht mehr aus, Begegnungen an der Leine oder im Freilauf endeten aber immer öfter in heftigen Konflikten.

Mawa attackierte während des Trainings andere Hunde, das Training ohne Leine war nicht mehr möglich. Ansonsten arbeitete sie super mit und war sehr lernfähig – sei es beim Shapen, Obedience oder Longieren, sie machte schnell Fortschritte und war gut führbar.

Im Juni 2014 zogen wir um. Ihr Verhalten bei Hundebegegnungen wurde massiv schlimmer, sie rastete wieder bei Sichtkontakt auf weiter Entfernung aus. Direktkontakte waren gar nicht mehr möglich, Kreuzen endet in Tobsuchtanfällen, Mawa beruhigte sich fast nicht mehr. Korrekturen und/oder positive Bestärkungen drangen gar nicht zu ihr durch oder waren spätestens beim nächsten Spaziergang vergessen, auch verschiedene Arten, sie zu führen, halfen nicht.

Wenn Mawa ausrastete, kam dies ohne große Vorzeichen, als ob ein Schalter umkippt. Bekannte Hunde wurden toleriert, Kontakte mussten jedoch immer durch uns kontrolliert sein, Direktkontakte waren immer seltener möglich. Ihr Verhalten gegenüber Menschen war ohne Verbesserung. Auch kam es vor, dass sie nach uns schnappte oder sich knurrend zurückzog, auch wenn sie zuvor den Kontakt zu uns gesucht hatte.

Zecken entfernen oder ähnliches war nur mit Maulkorb zu zweit möglich, Mawa wehrte sich mit Zähnen und Krallen, als ginge es um Leben und Tod. Sie zog sich oft in dunkle, ruhige Räume zurück. Beim Training auf dem Hundeplatz musste das Aussteigen aus dem Auto sehr kontrolliert geschehen, waren andere Hunde auch nur in Sichtweite, rastete sie aus. Die Individualdistanz musste auch im Training mindestens fünf Meter betragen, Blickkontakt mit anderen Hunden war so gut wie unmöglich.

Sie arbeitete aber zu jeder Zeit gerne, war sehr lernfähig und hielt körperlicher Belastung stand (Fahrradtouren, Wanderungen, Longieren…). Obwohl wir immer auf eine gute Balance zwischen Aktivität und Ruhe geachtet hatten, legten wir an diesem

Punkt einen Trainingsstopp ein, weil wir dachten, vielleicht sei Mawa überlastet. Dies half jedoch gar nicht, Spaziergänge wurden nur noch anstrengender. Mawa hatte in unregelmäßigen Abständen heftige Schmerzschübe ohne ersichtlichen Auslöser. Während der ganzen Zeit besuchten wir viele Weiterbildungen und Kurse, um neue Ansätze zur Problematik zu finden, wie Verhaltensbeobachtung, Mentaltraining fürs andere Ende der Leine, Anti-Jagd / Impulskontrolle, Physiotherapie… aber kein wesentlicher Durchbruch erfolgte.

Der Freilauf war auch ohne andere Hunde in Sichtweite anstrengend. Mawa lief immer wieder ohne ersichtlichen Grund wie von der Wespe gestochen in höchstem Tempo aufs Feld hinaus, war zwar abrufbar, aber dies konnte innerhalb von zehn Minuten fünf bis zehn Mal geschehen.

Waren Hunde in Sichtweite, war sie ausnahmslos an der Leine, denn die Gefahr, dass sie die anderen Hunde auch auf größere Distanz attackierte, war zu groß.

Das Schwimmen verweigerte sie auch nach drei Jahren vehement.

War Besuch im Haus, trug Mawa fast immer einen Maulkorb oder war separiert, wir wollten kein Risiko eingehen. Der Maulkorb war seit 2012 antrainiert, Mawa trug ihn, aber benahm sich damit wie ein „geschlagener Hund", hob den Kopf nicht und lief steif wie ein Brett durch die Gegend. Auf Spaziergängen war sie immer noch an der Schleppleine.

Im November 2015 meldeten wir Mawa bei einer Sozialisierungs-/Resozialisierungsgruppe an. In kleinen Gruppen wurden die Hunde unter Aufsicht von zwei erfahrenen Hundetrainerinnen gezielt in Begegnungen geführt. Sie bestätigten uns, dass es sich bei Mawa nicht um einen „Führungsfehler" unsererseits handelt, sondern dass sie auch bei ihnen dasselbe Verhalten zeigten.

Ab Januar 2016 arbeitete ich jeden zweiten Freitag selber in der Gruppe mit und konnte Mawa noch gezielter in Begegnungen führen als draußen. Aber einen anderen Weg als Kampf oder sich ganz zurückzuziehen gab es bei Mawa nicht, die ganzen Kommunikationsnuancen dazwischen waren nicht vorhanden.

Im Sommer 2016 besuchten wir einen Angsthasen-/Pöbler-Treff, und auch dort wurde Mawas Aggression als nicht „menschgemacht" und abnormal empfunden. Wir starteten einen erneuten Anlauf, um herauszufinden, was Mawa fehlt und stellten sie bei Dr. Blättler vor.

Dr. Blättler berichtet weiter:

Mawa war offensichtlich ein Schmerzpatient, auch hier war es ein Kopfschmerzpatient, vor allem ging es um Spannungskopfschmerzen. Die erste Sprechstunde war sehr eindrücklich. Die Kundin hatte spezielle Handschuhe dabei, da Mawa versucht hatte, sich beim Halten loszureißen und der Untersuchung zu entziehen. Christine kannte dieses Prozedere von Mawa und hatte mich darauf vorbereitet. Bis zu diesem Zeitpunkt hatte ich dies in der Praxis so noch nie erlebt. Da ich regelmäßig Arbeits- und Sporthunde behandele, die polizeilich und militärisch geführt sind, hatte ich hingegen doch schon einiges erlebt. Um so erstaunlicher war die Wandlung im Verhalten von der ersten zur zweiten Sprechstunde. Innerhalb von kurzer Zeit hatte ich den Hund ins Herz geschlossen und bei mir in der Praxis war Mawa nun sehr kooperativ und ausgeglichen. Auch in diesem Fall hat die orthopädische, manuelle Behandlung von Kopf den therapeutischen Erfolg bewirkt.

Christine schreibt nun weiter, wie die folgenden Monate verlaufen sind:

Bereits nach der zweiten orthopädisch-manuellen Behandlung zeigten sich sichtbare körperliche Verbesserungen. Mawa streckte und wälzte sich viel öfters als zuvor und konnte trotz Maulkorb den Kopf heben, obwohl ihr dieser immer noch Mühe macht. Sie geht von sich aus ins Wasser und schwimmt und zieht sich weniger oft zurück. Sie verlangt mehr nach Streicheleinheiten von uns und genießt diese, ohne zu knurren. Das Obediencetraining wurde an den Nagel gehängt, wir konzentrierten und vermehrt auf Nasenarbeit und weiterhin auf Shapen und Longieren. Es gab erste kleine Verbesserungen bei Hundebegegnungen, wir arbeiteten wieder mit Klick für Blick.

Im September 2016 machten wir Ferien in Frankreich. Es gab eine deutliche Verbesserung bei Begegnungen mit fremden Hunden, Mawa konnte unter klaren Anweisungen wenige Meter an bellenden Hunden vorbeigehen, ohne zu reagieren. Zuhause reagiert Mawa erneut stärker auf Hunde, jedoch nicht mehr ganz so intensiv wie vorher, sie ließ sich schneller aus der Anspannung lösen.

Im Oktober 2016 machten wir Ferien im Schwarzwald. Das Kreuzen von anderen Hunden an der Leine erfolgte nun praktisch ohne Reaktion von Mawa, Direktkontakt wurde noch vermieden. Unter konsequenter Führung etablierte sich das Verhalten auch zuhause. An langer Leine wurden ausgewählte Fremdkontakte möglich, sie ließ sich in den Situationen führen und sich weniger auf Provokationen fremder Hunde ein.

Auf dem Hundeplatz traten deutliche Verbesserungen ein, das Ausladen aus dem Auto geschah ohne Stress und Aggression. Während des Trainings war sie viel entspannter und der Abstand zu anderen Hunden konnte deutlich verringert werden. Auch in der Sozialisierungs-/Resozialisierungsgruppe begann Mawa vermehrt zu kommunizieren, sie konnte andere Hunde auf Distanz halten, ohne gleich auszurasten und begann sich an einzelnen Kontakten zu freuen, sie schnüffelte und ließ sich sogar selber beschnüffeln, wenn man sie ein wenig unterstützte. Verfiel sie doch einmal in alte Muster, konnte sie mit kurzer Intervention gestoppt werden und die Anspannung war gelöst.

Mawa ging nun offener auf fremde Menschen zu und kurze Berührungen waren möglich, Personen durften sich ihr aber nicht zu offensichtlich zuwenden, ansonsten wurden sie angeknurrt. Mawa rastete aber meist nicht mehr aus.

Frühling 2017: Behandlungen wie Zecken entfernen, Pfote verbinden etc. blieben schwierig und waren oft nur mit Maulkorb möglich, denn hatte Mawa Schmerzen, verfiel sie leicht in alte Verhaltensmuster.

Sie spielte mit ihr bekannten Hunden und freute sich, diese zu sehen. Sie konnte ganz ohne Schleppleine laufen gelassen werden. Tauchte ein Hund auf, wurde sie zurückgerufen und angeleint, die Gefahr, dass sie sich auf den fremden Hund stürzte und den Rückruf missachtete, war nicht mehr vorhanden. Das Training in der Gruppe war nun auch unangeleint möglich!

Mawa war immer noch sehr lauffreudig, spurtete aber nicht mehr ohne ersichtlichen Grund davon, sie war im Allgemeinen viel entspannter. Durch ihre schnelle, zackige Art hatte sie immer wieder kleinere und größere Blockaden im Bewegungsapparat. Diese konnten aber nach ein bis zwei chiropraktischen Behandlungen wieder gelöst werden. Wir sahen Mawa nun deutlich an, wenn es irgendwo „zwickte“. Dann war auch im ganzen Umgang mit ihr vermehrt Vorsicht geboten.

Wir gingen nun regelmäßig mit Mawa schwimmen, um die Muskulatur zu stärken, Kondition aufzubauen und möglichen Blockaden vorzubeugen. Sie hatte richtig Spaß daran!

Sie verteidigte den Garten nicht mehr vehement gegen die Nachbarn, Kühe und Pferde konnten größtenteils – unter klarer Führung – ohne Aufregung passiert werden. Auch Spaziergänge durchs Dorf waren wieder möglich, ohne dass Mawa vor lauter Reizüberflutung die Nerven verlor. In der Sozialisierungs-/Resozialisierungsgruppe konnte Mawa sich nun auch mal in die Sonne legen und entspannen oder sie half uns, junge, ungestüme Rüden zu erziehen. Das machte sie fantastisch!

Trotz all dieser Fortschritte wird Mawa nie ein Hund sein, den man unkontrolliert in Begegnungen mit fremden Hunden lassen kann. Denn sie hat genaue Vorstellungen, wie Hund sich zu benehmen hat und würde diese auch ungehemmt durchsetzen.

Auch mit Menschen und besonders mit Kindern wird immer eine gewisse Vorsicht von Nöten sein und wir müssen unser Umfeld gut über den Umgang mit Mawa instruieren.

Wie Christine beschrieben hat, war Mawa war nie einfach, aber dennoch ein liebenswerter und interessierter Hund. In der Praxis konnte ich mit ihr jegliche Tätigkeiten wie Blutabnehmen oder Röntgen ohne Sedation durchführen. Sie hatte Vertrauen auch in mich als Tierarzt. Das ist ein schöner und vor allem befriedigender Moment. Ich möchte klarstellen, dass ich hier keine Behandlungsprotokolle aufliste, um unkontrollierte Behandlung von Drittpersonen an vergleichbaren Hunden zu provozieren. Wie oben bereits erwähnt, die Therapie ist vor allem durch die manuelle Behandlung erzielt worden. Die medikamentelle unterstützende Therapie umfasste vor allem Novalgin oder Entzündungshemmer, die unterstützend hinzugezogen wurden.

Die Diagnostik in solchen Fällen besteht einerseits aus der orthopädischen Untersuchung von Kopf und Wirbelsäule, der Prüfung der neurologischen Reflexe sowie andererseits aus der Anamnese und Vorgeschichte sowie den Reflexreaktionen bei der Untersuchung von spezifischen Regionen am Kopf. Die funktionelle Diagnostik mit LupoGait® kann die therapeutischen Veränderungen in den verschiedenen Features zeigen. Aktuell arbeite ich an einem Projekt über die Neurokinetik, wodurch wir Hirnströme messen können, die diese Pathologien am Kopf noch besser aufzeigen, und dies vor allem im Zusammenhang mit der Bewegungsdiagnostik. Diese neurologischen Verknüpfungen sind aber sehr komplex und bedürfen einiger Informationen. Ich bin sicher, dass wir zu einem späteren Zeitpunkt diese Aspekte noch näher erörtern werden.

Ein Umstand ist für alle Kopfschmerz-Hundepatienten gleich: der Schmerz ist kontrollierbar, kann aber immer wieder getriggert werden. Im Normalfall lässt er sich aber sofort kontrollieren. Sind mechanisch-stumpf-traumatische Ereignisse vorgefallen, so haben meine Kunden gelernt, auf diese Situationen und Ereignisse zu achten und den Patient bei mir vorzustellen, bevor der Prozess eskalieren konnte.

An diesen beiden Fallbeispielen sollte erkannt werden, dass, so skurril dies auch klingen mag, auch Hunde Kopfschmerzen haben und diese einen großen Zusammenhang mit Verhaltensproblemen haben. Die klinischen Symptome sind manigfaltig und nicht immer für Laien und Fachpersonen erkennbar.

Der Werdegang von Mawa zeigt überdeutlich, dass es bei einem Hund, der Schmerzen hat, wenig sinnvoll ist, an allen symptomatischen Verhalten, die mit Wut und Angst und Überforderung zu tun haben, zu trainieren – solange der Hund diese Schmerzen hat. Gerade wenn man feststellt, dass man so viel Aufwand ins Training investiert und quasi keinen Fortschritt bucht, sollte man ohne Umwege die Schmerzen abklären lassen. Hunde, die nicht kooperieren können und mit täglichen Situationen überfordert sind, haben mit an Sicherheit grenzenden Wahrscheinlichkeit Schmerzen. Vielmehr kann man mit diesen Hunden kleinere Übungen machen, durch die sie lernen, das Umfeld wahrzunehmen, ohne reaktiv zu werden. Mit Abstand und Zeit erreicht man hier mehr als mit Konfrontationstraining.

Posttraumatische Belastungsstörung (PTBS)

Die posttraumatische Belastungsstörung zählt im Zusammenhang mit den anderen Belastungsstörungen und körperlichen Störungen zu den psychischen Erkrankungen. Bei diesen Erkrankungen geht es darum, dass Ereignisse und Erlebnisse Störungen wie Angst, Aggression oder Depression zur Folge haben können. Einer posttraumatischen Belastungsstörung gehen definitionsgemäß ein oder mehrere belastende Ereignisse von außergewöhnlichem bis katastrophalem Ausmaß voraus. Dabei muss die Bedrohung nicht unbedingt unmittelbar die eigene Person betreffen, sondern kann auch bei anderen beobachtet oder miterlebt worden sein. Obwohl sich diese Definition im Allgemeinen auf den Menschen bezieht, können derartige Belastungsstörungen auch beim Hund infolge von dramatischen Erlebnissen auftreten, wie sie etwa als Beispiel bei ukrainischen Straßenhunden oder den Windhunden aus Spanien zu beobachten sind. Diese Liste kann durchaus erweitert werden. Vor allem letztere Situation ist mir aus eigener Erfahrung bekannt, da ich selbst Windhunde aus dem Tierschutz adoptiert habe. Ferner lässt sich festhalten, dass diese posttraumatischen Belastungsstörungen zumeist mit psychischen Symptomen wie etwa Angststörungen, Zittern, aber auch Aggression, Vergesslichkeit, Rückzug, Kopfschmerzen und ähnlichem einhergehen. Im Folgenden sollen diese mit Hilfe von zwei Beispielen näher beleuchtet werden.

Diese posttraumatische Belastungsstörung hat nicht nur für die spanischen Windhunde Gültigkeit, sondern trifft grundsätzlich auch auf beispielsweise die Straßenhunde aus Osteuropa zu, deren harter Alltag oder primitive Aufzucht sie mit dramatischen Erfahrungen prägt. So kann es etwa sein, dass diese Hunde gejagt, verprügelt oder angefahren werden und die Junghunde dabei zusehen müssen, wie ihre Elterntiere gewaltsam aus dem Leben gerissen werden oder aber ausgewachsene Hunde dazu gezwungen werden, dem Erschlagen ihrer Welpen beizuwohnen. Letzterer Fall präsentiert die zusätzliche Komponente passiver Traumatisierung, die aufzeigt, dass nicht nur Erlebnisse, die auf aktiver Erfahrung beruhen, PTBS verursachen können, sondern auch die Beobachtung von Gewaltausübung dazu beitragen kann, eine solche Erkrankung zu entwickeln. Allerdings muss ergänzend festgehalten werden, dass es nicht immer einer Reise in fremde Länder bedarf, um auf derartige psychisch einschneidende Situationen zu stoßen, sondern dass diese sehr wohl auch vor der eigenen Haustüre anzutreffen sind, wie anhand des folgenden Beispiels demonstriert werden soll.

Das folgende Beispiel einer PTBS hat sich in der Schweiz im Frühsommer 2022 ereignet. Eine junge Mutter befand sich mit ihrem neugeborenen Kind und zwei Chihuahuas, die unter der Wanne im Kinderwagen mitfuhren, auf einem Parkspaziergang, als sie in einiger Entfernung eine andere Hundehalterin mit freilaufendem Labrador erblickte. Sobald der Labrador die Frau und die Kleinhunde im Wagen gesichtet hatte, stürmte er sofort auf diese zu. Der Chihuahua, der in diesem Moment in einer natürlichen Demonstration von Territorial- und Verteidigungsverhalten oder eben auch Angst durch sein Knurren den fremden Hund abzuschrecken versuchte, provozierte den Labrador dadurch zu einer Attacke. Während die Halterin des Labradors keinerlei Anstalten machte, in die Situation einzugreifen, bemühte sich die junge Mutter nach Kräften und mit der Konsequenz von blutigen Verletzungen an den Händen, den kleinen Chihuahua aus dem Fang des angreifenden Hundes zu befreien. Ungeachtet dieser Eskalation zeigte sich die Labradorbesitzerin weiterhin völlig gleichmütig und riet der jungen Frau beim Vorbeigehen dazu, einen Aufstand ob des Geschehenen zu vermeiden, um nicht die Aggression des Labradors auf sich selbst zu lenken. Der verwundete Chihuahua hat den Zwischenfall überlebt, musste jedoch im Tier-Spital einer über zehntägigen Behandlung unterzogen werden. Die dafür anfallenden Kosten wurden von der Halterin des Labradors getragen, die zusätzlich für ihr Fehlverhalten abgebüßt wurde. Was an diesem Fall allerdings im Kontext der Kapitelthematik als speziell anmutetet, ist der Umstand, dass nun insbesondere der angegriffene Chihuahua infolge des gewalttätigen Zwischenfalls beim Zusammentreffen mit anderen Hunden zu zittern beginnt und ein ausgeprägtes Angstverhalten zeigt. Dabei handelt es sich wiederum um einen klaren Hinweis auf eine bestehende PTBS, also auf das Vorhandensein einer Belastungsstörung psychischer Natur.

Gerade der geschilderte Vorfall aus der Schweiz präsentiert nun eine zusätzliche Variante der PTBS: die posttraumatische Bewegungs- und Belastungsstörung beim Hund. Es steht außer Frage, dass ein Hund – in diesem Beispiel der Chihuahua –, der von einem Labrador angefallen wird, als Konsequenz der Attacke Stauchungen, Rippenquetschungen oder Prellungen an der Wirbelsäule oder den Gliedmaßen erleidet. Aus diesen physischen Traumata entwickelt sich in der Folge ein auffälliges Bewegungsmuster, das sich etwa in Form eines aufgezogenen Rückens, einer schräg anmutenden Laufbewegung, dem Gang in einer Außenstellung oder einem Hinken manifestieren kann. Röntgen- bzw. CT-Aufnahmen können oftmals keinen Aufschluss über die Ursache dieser Störungen geben. Dieser Umstand führt dazu, dass die Zeit des Hinkens sich verlängert und das betroffene Tier als Kompensationsversuch in eine Schonhaltung verfällt. Diese ist selbstredend mit Schmerzen verbunden, die zentralisiert werden und in bestimmten Kopf-Regionen die endokrinologische Ausschüttung von Endorphinen bedingen, die dann wiederum besagte Anomalien im Zusammenhang mit Schmerzen hervorrufen. Somit kann der Zusammenhang zwischen Angst, Rückzug und Erfahrungen mit Schmerzen, die allenfalls immer noch präsent sind, nachvollzogen werden.

Posttraumatische Bewegungs- und Belastungsstörung (PTBBS) inkl. Kopfschmerzen nach Blättler-Monnier

Als Überleitung zur psychosomatischen PTBS soll im Folgenden die zweite Komponente der PTBS näher ausgeführt werden. Bei dieser handelt es sich um die posttraumatische Bewegungs- und Belastungsstörung im Zusammenhang mit der Schädel-Hirn-Traumatisierung. Per definitionem ist unter einem Schädel-Hirn-Trauma die stumpfe Krafteinwirkung auf die Region des Kopfes, aber auch die Halswirbelsäule sowie Schulter zu verstehen und lässt sich in dieser Beschreibung vom Menschen auf den Hund übertragen.

Die Folge einer solchen Verletzung ist eine Gehirnerschütterung, die aus einer stumpfen Krafteinwirkung auf den Bereich des Hirnstammes und des gesamten Großhirns resultiert. Durch den Schlag wird eine Erschütterung bzw. Vibration in dieser Region erzeugt, die zu Schmerzen und Entzündungen führt. Beim Menschen kann dies mit pochendem Kopfschmerz einhergehen, einen Angstzustand oder Entzündungen und Schmerzen in der Halswirbelsäule auslösen sowie eine Beeinträchtigung des Sehvermögens verursachen.

Diese für das Schädel-Hirn-Trauma typischen Situationen lassen sich beim Hund vergleichsweise in Form von stumpfen Traumata infolge von Bodychecks, Stürzen, Auffahrunfällen und ähnlichem beobachten. In jedem dieser Fälle kann es im Kopf, im Bereich der Wirbelsäule oder auch in der Schulter zur Entstehung von entzündlichen schmerzhaften Prozessen kommen. Gerade die Schulterlahmheit lassen sich oftmals im Zusammenhang mit derartigen Schädel-Hirn-Traumata feststellen bzw. können stumpf-traumatische primäre Schulterlahmheiten als Folge ein Schädel-Hirn-Trauma generieren, da gerade beim Hund die Verbindung der Schulter zum Rumpf nicht wie beim Menschen eine Rotatoren-Manschette darstellt, sondern als eine

Weichteil-Verbindung, als eine sogenannte Synsarkose (Schultergleitfläche) besteht. Gerade Situationen wie oben beschrieben können diese Krafteinwirkungen von der Schulter auf die Halswirbelsäule sowie die Brustwirbelsäule oder auf den Rippenkasten übertragen und werden anschließend neurologisch, schmerztechnisch an den Hirnstamm oder das zentrale Nervensystem weitergeleitet. Dass in diesem Kontext ferner Bewegungsstörungen wie unter anderem Entlastungshaltungen, Fehl- und Überlastungen der Vor- und Hinterhand auftreten können, ist offensichtlich.

Gleichzeitig können Schädelhirntraumata Veränderungen in der Amygdala wie auch in der Hypothalamus-Hypophysen-Achse hervorrufen und die Ausschüttung von Neurokininen ermöglichen. Genau diese Achse besitzt jedoch auch einen großen Einfluss auf das Verhalten des betroffenen Hundes, der als Resultat eines erlittenen Schmerz-Traumas durch übermäßige Ruhe, einen Leistungsabfall oder auch erhöhte Aggressivität auffallen kann. Die Diagnostik in der Untersuchung sowie in der Bilddiagnostik ist nicht einfach. Oft gehen Hundehalter nach solchen Unfällen zum Tierarzt zur Absicherung, dass der Hund keine Folgen aus solchen Unfällen davonträgt. Für den Allgemeintierarzt stellen diese Untersuchungen eine große Schwierigkeit dar und die Ergebnisse sind meistens dann ohne Befund. Der Hundehalter glaubt sich in Sicherheit, dass der Hund keine Folgen davonträgt, was sich jenachdem dann anders herausstellen könnte.

Als Beispiel aus der Praxis sei die Geschichte von Mara erwähnt. Sie ist eine dreijährige, nicht kastrierte Labradorhündin und zeigt seit einiger Zeit ein auffälliges Gangbild. Die Besitzerin ließ die Hündin zuerst beim Haustierarzt abklären – ohne einen pathologischen Befund und Erklärung für die veränderte Bewegung. Sie suchte dann einen weiteren Tierarzt auf, der eine CT-Studie erstellt hat, auch ohne Befund. Es folgten Termin beim Physiotherapeuten und Akupunktur. Das Gangbild veränderte sich nicht. Im letzten Herbst wurde Mara bei mir vorgestellt. Die Hündin zeigte einen schwankenden Gang, war schmerzhaft im Übergang Lenden zu Becken und als letzten Punkt hielt Mara den Kopf in der Bewegung meistens nach rechts verkippt. Die Besitzerin erzählte ebenfalls, dass Mara regelmäßig in die Region der Flanken sowie Becken / Gliedmaßen schaut, und wenn andere Hunde – meistens Rüden – sich ihr nähern und sie hinten beschnuppern möchten, reagiert Mara ziemlich aggressiv. Nach der orthopädischen, strukturellen und funktionellen Untersuchung stellte ich noch ein paar Fragen. Wann war die letzte Läufigkeit und wurde Mara dann eventuell bedrängt? Es stellte sich heraus, dass ein junger Rüde sie praktisch am Ende ihrer Läufigkeit ziemlich grob attackiert hatte und sie auch besteigen wollte. Mara wehrte ab und es kam zum Gerangel. Nun war klar, dass es sich handelte um eine posttraumatische Bewegungs- und Belastungsstörung mit Folgen – die Aggression. In zwei Behandlungen hat sich der Zustand bei Mara praktisch normalisiert.

Die posttraumatische Bewegungs- und Belastungsstörung beim Welpen

Besonders bei Welpen und Junghunden ist es wichtig, die PTBBS zu erkennen, da vor allem viele Welpen und Junghunde bereits ein auffälliges Verhalten in Form von Hyperaktivität, einem übermäßigen Verlangen nach Ruhe, von Aggression oder einer Kombination von all diesen Symptomen zeigen können. Die Ursachen für diese Erkrankung wurden meistens schon früh im Entwicklungsstadium des jungen Hundes gelegt, vornehmlich in der Wurfkiste durch stumpfe Traumata, wie etwa als Konsequenz von Überschlägen, Purzelbäumen, dem Rennen im Gelände, Stürzen von der Treppe, vom Sofa oder einer Kollision mit der Glastüre.

All diese Situationen, die oft als drollig oder lustig wahrgenommen werden, können zu weitreichenden Folgen führen, auch wenn sich der Welpe nach dem Vorfall tapfer schüttelt und zur Tagesordnung übergeht. So kann es einerseits durch diese stumpfen Gewalteinwirkungen zur Entstehung von Schulterlahmheiten kommen. Es ist möglich, dass beispielsweise Schläge auf den Hirnstamm und den Kopf Verhaltensauffälligkeiten infolge von Kopfschmerzen bedingen oder diese aufgrund einer veränderten neurophysiologischen Aktivität des Mittelhirns – vor allem innerhalb der Amygdala oder den Thalamus-Regionen – auslösen.

Andererseits müssen bei diesen Patienten ferner die durch die genannten Unfälle erzeugten Schmerzkomponenten berücksichtigt werden, beispielsweise im Hinblick auf die Wirbel- und Halswirbelsäule oder auf den Kopf sowie auch die Einflüsse von stumpfen Traumata auf die Wachstumsfugen im Kopf des Welpen- und Junghunds. Hierbei handelt es sich um eine kausale Einwirkung auf den Hirnstoffwechsel, aber auch auf die Schmerzsituation. In diesem Fall ist es nicht verwunderlich, dass gerade Welpen und Junghunde bereits zu diesem Zeitpunkt Verhaltensveränderungen erkennen lassen.

Tatsache ist auch, dass Tierärzte, Hundetrainerinnen, Verhaltenstherapeutinnen oder Hundehalter von diesen wichtigen Aspekten weder wissen noch sie in der täglichen Sprechstunde thematisieren. Diesen Umstand kann ich persönlich in meiner Praxis immer wieder in Bezug auf derartige Hundepatienten beobachten. Deshalb besteht das große Ziel von LupoMove® Puppy (s. S. 180 ff.) darin, nicht nur die Gesundheit des caninen Skelettsystems etwa durch die Vermeidung von Erkrankungen wie der Hüftgelenksdysplasie, OCD oder Panostitis zu erhalten, sondern auch die Immunbiologie, also die Abwehrstärkung, sicherzustellen. Diese kann durch den Stressor in Form von Schmerzen stark belastet werden.

Zudem gilt es, in diesem Kontext das Wachstum und dabei insbesondere die endokrinologische Achse von Mittelhirn, Thalamus, Hypothalamus und Hypophyse zu beachten. Wie in Kapitel 8 aufgezeigt werden soll, ist gerade die Schilddrüse bzw. die falsche Therapie der Schilddrüse mitverantwortlich dafür, dass eben diese Schmerzpatienten mit Verhaltensauffälligkeiten nicht als solche erkannt und mit zum Teil verheerenden Folgen falsch therapiert werden.

Diese Schädel-Hirn-Traumata haben vor allem auf den Welpen während seines Wachstums eine große Auswirkung, da sich in dieser Phase die Wachstumsfugen am Kopf und der Wirbelsäule sowie im Zusammenhang mit der Schultergliedmaße durch große Fragilität auszeichnen. Ferner kommt noch der Aspekt der Koordinationsfähigkeit, der Stabilisierung und Bewegungssicherheit hinzu, die sich zu dem genannten Zeitpunkt noch in der Ausbildung befindet. Diese physischen Eigenschaften sind also ursächlich dafür, dass insbesondere Welpen und Junghunde durch ihr oft rabiates Herumtoben eine Kettenreaktion auslösen können und sich damit als besonders anfällig für die Entwicklung einer PTBBS erweisen.

Fallgeschichte Romy: Die posttraumatische Bewegungs- und Belastungsstörung (PTBBS)

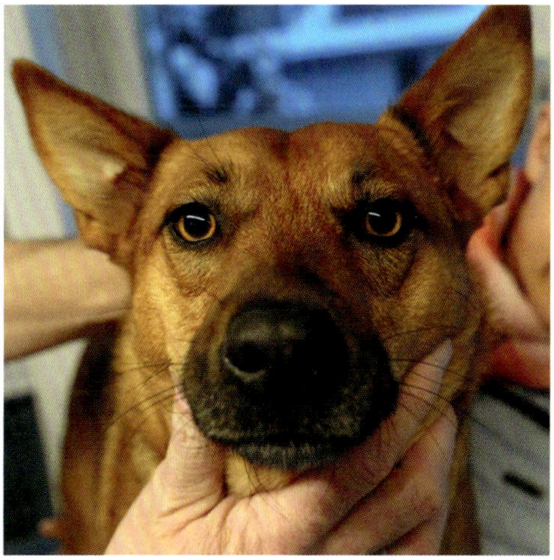

Wie wichtig das Erkennen dieser posttraumatischen Bewegungs- und Belastungsstörungen ist, zeigt das nächste Beispiel auf. Romy ist eine Hündin aus der Ukraine. Sie war bereits vor dem Krieg hier in Deutschland. So viel man weiß, wurde der Hund dort misshandelt. Anfänglich in Deutschland war Romy sehr zurückhaltend und ängstlich, man ging von einer mangelnden Prägung und Sozialisierung aus. Aber allmählich zeigte sie Leinenaggression und ging auch auf andere Hunde proaktiv los. Es folgten diverse Lektionen bei Hundetrainern und anderen Hundeprofis, leider ohne Verbesserung. Vor einem Jahr ereignete sich dann ein großer Unfall, der nur mit großem Glück noch positiv ausging. Sie wurde von einem Zug erfasst und dreißig Meter durch die Luft geschleudert. Sie wurde notfallmäßig operiert, denn sie hatte Verletzungen am Kopf, aber wie durch ein Wunder waren keine inneren Verletzungen oder Knochenbrüche entstanden. Dafür veränderte sich ihr Wesen: Nun wurden auch Fahrräder und Autos gejagt und die Aggression wurde noch schlimmer. Als weiteres Symptom kam hinzu, dass sich Romy nicht mehr schütteln konnte. Die Besitzerin stellte den Hund bei der Haustierärztin vor, welche sie an mich verwies. Im November letzten Jahres wurde Romy bei mir vorgestellt. Nach eingehender Untersuchung konnte man zwei Schmerzregionen lokalisieren: Einerseits der Kopf und die Halswirbelsäule, andererseits die Cauda equina-Region, also den hinteren Rücken. Im vorliegenden Fall hatten wir eine posttraumatische Bewegungs- und Belastungsstörung bei Romy, die für jeden nachvollziehbar ist. Nach der Untersuchung erfolgte die Behandlung der Schmerzen im Kopf. Es wurde nur der Kopf und die Halswirbelsäule behandelt, die Behandlung erfolge unter kinematischer (Bewegungsablauf) Kontrolle. Interessanterweise zeigte Romy nach der ersten Behandlung eine „Wasserrute“ (schlaffe Lähmung der Rute, meistens nach Einwirkung von Nässe und / oder Kälte) ohne Einwirkung von Kälte oder Mechanik auf die Region der Rute. Diese verschwand nach zwei Tagen ohne Behandlung. Nach der zweiten Behandlung hatte Romy drei Tage lang Durchfall. Nach der zweiten orthopädischen Behandlung ging es Romy sichtlich besser, sie war aktiv und vor allem die Aggression hatte sich positiv verändert. Dieses Beispiel zeigt auf, wie eine Therapie, die auf den Kopfschmerz oder eben die PTBBS zielt, riesige Auswirkungen auf den gesamten Körper haben kann. Im Umkehrschluss kann man sich nun vorstellen, welche Folgen der Schmerz auf den Körper auslöst. Somit sollte auch das Thema der posttraumatischen Belastungsstörungen im Zusammenhang mit Verhaltensauffälligkeiten beim Hund anders erkannt werden.

Zusammenfassung der posttraumatischen Belastungsstörungen

Wenn wir nun die beiden letzten Fälle von Mara und Romy nehmen, die posttraumatische Belastungsstörung einerseits aus der Sicht der emotionalen und psychosozialen Komponente, aber andererseits auch aus dem Aspekt der posttraumatischen Bewegungsstörung, können wir daraus ableiten, dass für den Hund die posttraumatische Bewegungs- und Belastungsstörung oft in Kombination vorhanden auftritt. Es ist wichtig, sich diese Aspekte zu vergegenwärtigen, da der Hund ein stiller Leider ist und die Schmerzprozesse sowie Bewegungsstörungen gut verstecken kann. Somit sind diese Prozesse a) chronisch und b) chronifiziert. Dies bedeutet, dass der Schmerz älter ist als drei bis sechs Monate und vor allem mit einer Kompensation oder sogar Dekompensation auf Vor- respektive Hinterhand und auf die Wirbelsäule einhergeht. Auch kann der Schmerzprozess zusätzlich zentralisiert werden. Umso wichtiger ist es, diese Prozesse schnell zu entdecken und gezielt und effizient zu behandeln. Dies erspart dem Hund viel Leid und für die Besitzer unnötigen Stress und Ärger, Trauer, Wut, Zeit und viel Geld.

7. Schmerzzeichen

Aussehen und körperliche Reaktionen

Auch an seiner äußeren Erscheinung kann man einem Hund Schmerzen ansehen. Das ist nicht immer so einfach, wenn man mit dem Hund zusammenlebt, da er uns so vertraut ist und über Monate oder Jahre hinweg immer ähnlich aussieht. Die Zeichen sind auch nicht an einem Tag plötzlich da, sondern schleichen sich langsam ein. Wir können jedoch einiges an seinem Körper anschauen, ohne ihn dafür anfassen zu müssen. Die Zeichen, für die Sie Ihr Auge schulen können, sind recht ausführlich aufgelistet, aber haben mit Sicherheit nicht den Anspruch auf Vollständigkeit. Hunde sind lebende Wesen, und ich hatte in meinen fast zwanzig Jahren Trainingserfahrung noch nicht einen Fall, wo alles so war, wie ich es schon mal bei einem anderen Hund gesehen habe. Wir können auf alle Details, die Sie beobachten können, nicht in die Tiefe eingehen und Ihnen die dazugehörende anatomische Erklärung geben. Denn auch das würde uns zu weit bringen und vielleicht dazu führen, dass die Situation zu einseitig gesehen wird. Der Körper ist ein Meisterwerk, und wenn sich irgendwo im Körper eine Kleinigkeit verändert, hat dies einen Einfluss auf den ganzen Körper. Das Interpretieren der Beobachtungsdetails ist die Aufgabe der Therapeuten, aber Sie helfen natürlich bereits eine Menge, wenn Sie eine Liste Ihrer Beobachtungen vorlegen können. Wenn es Ihren Therapeuten nicht interessiert, ist dies auch eine wichtige Information.

Das Fell und Fellmuster

Heute hat jeder Hundehalter einige hundert, wenn nicht Tausende Bilder seines Hundes, und da ist es immer gut, das Aussehen von früher mit dem aktuellen Zustand zu vergleichen. Kommt Ihr Hund aus dem Tierschutz, können Sie nur den jetzigen Moment erfassen und dennoch beobachten, wie sich das Fell präsentiert. Veränderte oder auffällige Fellmuster zeigen uns Stellen, an denen das Gewebe darunter verspannt oder verklebt ist.

Glänzt das Fell Ihres Hundes, und zwar überall am Körper? Gibt es Stellen, die eine abweichende Farbe haben? Gibt es Wirbel im Fell, die früher nicht zu sehen waren?

Es können Wirbel an Stellen entstehen, wo keiner hingehört. Wirbel sind vor allem bei langhaarigen Hunden deutlich zu sehen. Bei kurzhaarigen Hunden ist es nicht so eindeutig, aber hier kann das Fell (zum Beispiel auf dem Rücken) ein Wellenmuster formen oder es kann sich ein Wirbel bilden, der gegen die Wachstumsrichtung verläuft. Manchmal gibt es bei Kurzhaarrassen auch Stellen, die wie ein „Schatten“ aussehen, weil die Haare etwas abstehen. Bei Locken- und Rauhaarrassen sehen Sie auch eine andere Struktur, oftmals liegt das Fell hier enger am Körper und / oder sieht etwas geplättet oder verklebt aus. Manche Hunde haben über den gesamten Körper abstehende Haare – umgangssprachlich würde man sagen, sie hätten ihre Pfote in der Steckdose gehalten. Generell ist das Fell dann auch spröder und sieht stumpfer und weniger glänzend aus. Diese Muster und das sprödere Fell sprechen von Verspannungen vom Gewebe unter der Hautstelle, wo die Wirbel sich befinden. Weitere Auffälligkeiten am Fell können sein, dass es an bestimmten Körperpartien schütter ist, schnell verfilzt oder dass das tote Fell gar nicht herausfällt. Für alle Rassen gilt außerdem, dass das Fell Veränderungen in der Farbe zeigen kann – dunklere Flecken oder hellere Stellen. Meistens ist es so, dass dunkle Hunde an den Problemstellen eine helle Verfärbung haben und umgekehrt. Auch das kann auf Verspannungen hinweisen. Verspannungen beeinflussen die Durchblutung, diese wiederum beeinflusst das Fellwachstum.

Antworten, die ich gern zu meinen Beobachtungen bekomme: „Das ist, weil jetzt Badesaison ist, dann sieht sein Fell immer so aus“, oder „Das ist vom Halsband / Geschirr“, „Seine Mutter hatte das auch“. Schauen Sie auch, ob der Hund die Fellmuster sowohl links als auch rechts hat, ob sie symmetrisch sind oder nicht, ob sie manchmal weniger ausgeprägt sind, zum Beispiel nach einer physiotherapeutischen Behandlung.

Vergleichen Sie auch gern die abstehenden oder anders wachsenden Fellstellen mit der Fellbeschaffenheit am Rest des Körpers.

Natürlich muss hier erwähnt werden, dass Fellveränderungen auch durch Hormonstörungen oder Ernährungsdefizite verursacht werden können und selbstverständlich ist ein schönes Fell das Resultat der Summe aller Facetten seiner Gesundheit. Nur Wirbel und Fellveränderungen allein sagen noch nicht viel über mögliche Schmerzen im Körper aus, aber die Kombination mit weiteren Elementen wird es zeigen.

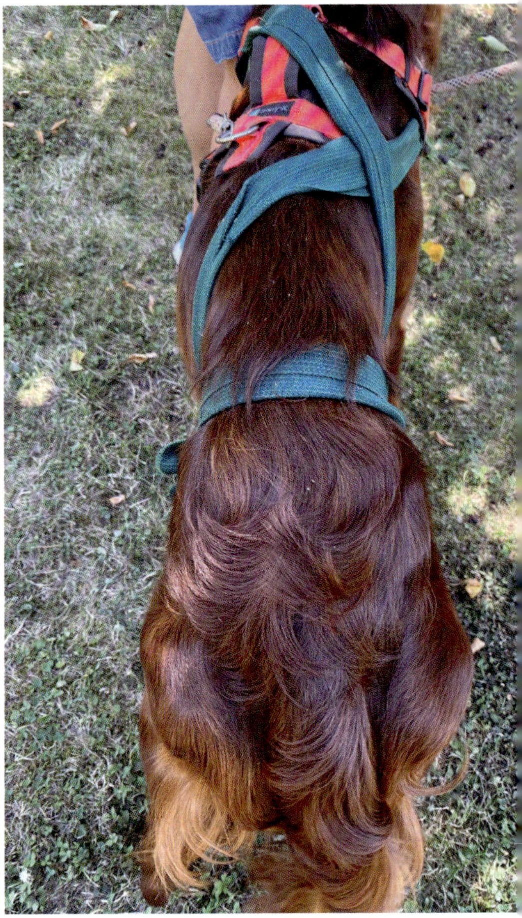

Felix wurde mit sieben Monaten als „frecher und wilder Flegel" vorgestellt. Das Training der Basisfähigkeiten verlief recht gut, aber sein Temperament war etwas überfordernd. Vor allem reagierte er auf alles, was vorbeifuhr und -lief. Er war sehr bewegungsfreudig und das Training der Leinenführigkeit war mühsam. Ich empfahl eine Behandlung durch einen Osteopathen, was geschah. Die Bilder zeigen das Fell auf dem Rücken von Felix am 26. März 2022, am 16. Juli 2022 und am 05. August 2022. Nach und nach kam der junge Mann auch zur Ruhe und das Training wurde einfach.

Fellmuster

VIDEO

Entdecken Sie die Wirbel und abstehende Fellbüschel und auch die Veränderungen der Pigmentierung.

Die Körperhaltung

Mit Haltung ist hier die Art und Weise gemeint, wie der Hund seinen Körper im Stehen, Liegen oder Sitzen „organisiert".

Das Stehen: Steht der Hund schön quadratisch, ist sein Gewicht dabei gleichmäßig und symmetrisch über den vier Beinen verteilt? Häufig sieht man eine Vorderpfote nach außen oder vorne versetzt oder auch ein Hinterbein, das auf ähnliche Weise entlastet wird. Auch kann man von oben manchmal eine Krümmung am Rücken erkennen. Manchmal kann der Hund nicht lange stehen bleiben, wechselt öfters die Belastung der Beine oder wechselt in die Sitz- oder Liegeposition. Für viele Hunde, die ein Schmerzthema haben, ist Stehenbleiben eine schwierige Aufgabe, sie können sich besser helfen, indem sie sich bewegen. Manchmal lehnen sich die Hunde sich an Objekte an, um das ganze Skelett zu entlasten. Können Sie feststellen, ob der hintere Teil des Körpers kraftvoll steht oder eher nach unten durchhängt? Wie hält er die Knie dabei, stehen die etwas nach außen gedreht, einfach stark angewinkelt oder eher steil? Schauen Sie auch, ober er im Stehen von der Seite wie ein Trapez aussieht oder eher wie ein Quadrat. Mit Trapez meine ich, dass die Pfoten auf dem Boden enger zusammenstehen als oben am Körper.

Die Gliedmaßen sind nicht symmetrisch positioniert, der Rücken ist nicht gerade, die Augen sind mandelförmig. Vieles in diesem Bild spricht von großem Unwohlbefinden im Körper, das Verhalten natürlich auch. Ein schief sitzendes Geschirr weist auch oftmals auf eine schiefe Haltung hin.

Bei Rüden kann man im Auge behalten, ob sie beim Pinkeln immer das gleiche Bein heben oder es abwechseln und auch, ob das Bein unterschiedlich hoch gehalten wird. Bei der Hündin ist es manchmal spannend zu beobachten, wie tief sie zum Pinkeln in die Hocke geht.

Diese Sitzhaltung ist in allen Details schief.

Gerade bei Frenchies sehen solche Bilder ulkig aus. Hutch hat diese Schlafhaltung aber gebraucht, um Rücken und Nacken zu entlasten.

Das Sitzen: Von vorne ist es interessant zu beobachten, ob auch hier wieder beide Vorderbeine symmetrisch aufgesetzt sind oder ob immer ein Bein nach vorne gestellt wird. Wenn ja, ist dies immer das gleiche? Von hinten kann man leicht erkennen, ob der Hund symmetrisch sitzt. Ist das nicht der Fall, sitzt er oftmals schief oder hält er einen Oberschenkel anders. Wie hält er die Ellbogen beim Sitzen: stark nach außen gewinkelt, eher am Brustkorb klebend oder ganz normal gerade und locker? Auch die Haltung, in der er sich entlastet, ist manchmal sehr auffällig: manche Hunde koten quasi im Stehen, weil sie den hinteren Rücken nicht tief genug halten können, dies geht oftmals einher mit einer mühsamen und zaghaften Suche nach dem richtigen Fleck. Die Tiefe der Sitzposition bei der pinkelnden Hündin kann auch einiges verraten.

Das Liegen: Auch in dieser Positionierung kann man einige schonende oder dehnende Haltungsmuster erkennen. Ist der Hund Bauch-, Seiten- oder Rückenschläfer? Ich bin lange davon ausgegangen, dass ein Hund der mit allen Vieren von sich gestreckt auf dem Rücken liegt, sehr entspannt ist. Vielleicht ist es für ihn gerade eine entspannende Haltung und dehnt er sich? Mein alter Hutch hat trotz Medikation und Schmerztherapie in seinen letzten Jahren nicht mehr auf seiner Seite geschlafen. Das ließ sein Rücken nicht mehr zu, deshalb schlief er immer in Sphinx-Haltung, manchmal sogar mit dem hinteren Körper höher gelagert als der vordere. Meine Siena schläft, seitdem sie bei mir ist, in einer Haltung, die ich „Pretzelhaltung“ nenne: vorne nach links und hinten nach rechts gekringelt. Da gilt es natürlich auch, zu schauen, ob das grundsätzlich und immer so ist, ob die Seiten immer die gleichen sind und ob es manchmal mehr und manchmal weniger ist. Liegt der Hund gern warm oder kalt, weich oder hart?

Und wie sieht es mit den Übergängen aus? Wechselt er schnell vom Stehen ins Sitzen oder vom Sitzen ins Liegen oder kann er sich nicht gut auf Signal hinlegen? Lässt er sich fallen oder kann er sich beherrscht hinlegen? Ist er zögerlich bei den Wechseln oder geht das flott? Gibt es Momente, an denen er sich sehr schnell hinsetzen kann und Momente, an denen es gar nicht geht? Dehnt er sich sehr viel nach dem Aufstehen? Wenn ja, wie genau und immer gleich, Vorderkörper und Hinterkörper oder nur einen Teil von beiden?

Gesicht und Kopf

Gesichter sprechen Bände. Ich liste hier einige markante Zeichen auf, wobei es etwas schwieriger wird, denn die unterschiedlichen Rassen mit ihren typischen Kopfformen machen es etwas diffuser. Ebenfalls sind sie nicht unbedingt Indikatoren für Schmerzen am Kopf, sondern eher der Spiegel für den Gemütszustand des Hundes. Machen Sie auch vom Gesicht unbedingt regelmäßig ein Foto und vergleichen Sie die Bilder. Es ist erstaunlich, wie sich das Gesicht und der Ausdruck nach der Entspannung und nach der Schmerztherapie verändern kann.

Augen: Glänzen die Augen vor Freude oder vor Interesse und Beteiligung oder sieht der Blick müde, angestrengt oder traurig aus? Ja, auch bei jungen Hunden kann dies bereits der Fall sein. Eine Falle hierbei ist, dass angenommen wird, dies würde zum Erwachsenwerden gehören. Wie ist die Augenform? Hunde mit Schmerzen haben viele Verspannungen im Gesicht und meistens resultiert dies in

Wenn Augen unterschiedlich groß sind, kann dies auf eine Spannung im Körper hinweisen. Man kann dann auch feststellen, dass in manchen Momenten die Augen wieder gleich groß sind.

mandelförmigen oder manchmal halbgeschlossenen Augen. Ebenfalls kann man schauen, ob beide Augen gleich groß und rund sind, und wenn es einen Unterschied gibt, ist dann immer das gleiche Auge größer? Augen, die mandelförmiger sind, können auf eine Verspannung an der Kopfseite hinweisen: Runde Augen stehen meistens für wenig Spannung, mandelförmige für mehr Spannung. Die zusammengezogenen Augenbrauen sind ein subtiles, aber sicheres Zeichen für Schmerzen. Manchmal erkennt man über den Augen noch deutlichere oder weniger deutliche Dellen. Sie sind jedoch je nach Rasse und Behaarung nicht sehr einfach festzustellen.

Auch wenn es oftmals zum Markenzeichen eines Hundes werden kann: Fragen Sie sich immer, was sich hinter der unterschiedlichen Ohrenhaltung verbirgt.

Ohren: Hunde mit Schmerzen halten die Ohren oftmals nach hinten im Nacken. Manchmal zucken die Ohren oder ihr Stand ist unterschiedlich zwischen links und rechts. Es kann sein, dass bei Mischlingen hier auch die unterschiedlichen beteiligten Rassen eine Rolle spielen, aber oftmals ist es so, dass dieses Phänomen mit Verspannungen der Haut am Oberkopf zu tun hat. Ebenso kann man manchmal feststellen, dass die Ohren an beiden Seiten oder nur an einer Seite etwas weiter weg vom Kopf gehalten werden. In meinen Tellington TTouch® Kursen konnte ich oftmals beobachten, dass sich das Ohrenbild veränderte, wenn der Hund entspannter wurde und nachdem Nacken und Oberkopf gettoucht wurden.

Maul: Mit der Anspannung des Kopfes geht sehr häufig ein geschlossenes Maul einher. Manchmal kann man sogar eine Rundung an den Kopfseiten entdecken, wenn sehr viel Spannung in der Kaumuskulatur vorhanden ist. Die Schnurrhaare können auch Anspannung verraten, indem sie von der Nase abstehen statt einfach anliegen.

Oberkopf: Unterschiedliche Rassen haben unterschiedliche Kopfformen. Es gibt breite und schmale, kurze und lange Schädel. Aber auch hier können Sie, ohne den Hund am Kopf zu berühren, oftmals erkennen, ob der Oberkopf angespannt ist. Falten in beiden Richtungen sind ein klares Zeichen für Anspannung. Natürlich sieht dies bei einem Boxer anders aus als bei einem Collie, aber ein geschultes Auge kann es sehen.

Diese Hündin hatte bei der Aufnahme dieses Bildes mit Sicherheit keinen guten Moment: Die Augen sind nur noch Schlitze, es gibt Falten auf dem Oberkopf und die Kopfstruktur sieht „knöchern" aus.

Dies ist ein Bild der gleichen Hündin an einem besseren Tag.

Zeichen aus dem vegetativen Nervensystem

Hunde, die Schmerzen haben, leben in einem Zustand von Dauerstress. Man kann es mit einem permanenten Überlebensmodus vergleichen. Die üblichen Signale des vegetativen Nervensystems sind:

- Schnellere und flachere Atmung (bis zum Hecheln)
- Vergrößerte Pupillen, weit aufgesperrte Augen oder Augen, die immer stärker mandelförmig werden
- Zittern von bestimmten Gliedmaßen
- Zittern des Brustkorbs (bei Schmerzattacke)
- Geschlossenes Maul oder sehr weit aufgesperrtes Maul
- Mundwinkel, die nach hinten gezogen sind

- Ohren, die nach hinten gelegt sind
- Verkrampfung, Verhärtung und Anspannung bestimmter Muskeln
- Steife Bewegungen

Asymmetrien

Wenn Asymmetrien in der Bemuskelung mit dem bloßen Auge wahrgenommen werden können, sind sie bereits ausgeprägt und in der Regel nicht neu. Bei Hunden mit langem Fell ist das nicht selbstverständlich, aber bei Kurzhaarhunden kann man es manchmal sehen. Ich meine hiermit, dass die Muskeln an einer Seite stärker ausgeprägt sind als an der anderen Seite: Oberschenkel-, Lenden-, Schultermuskulatur sollten im Idealfall an beiden Seiten gleich stark sein. Ist dies nicht der Fall, wird eine Seite weniger belastet als die andere und sehr häufig muss der diagonal dazu liegende Körperteil dann noch mehr belastet werden. Dies wird dann gern zum Teufelskreis, der nur von einer guten Therapie durchbrochen werden kann.

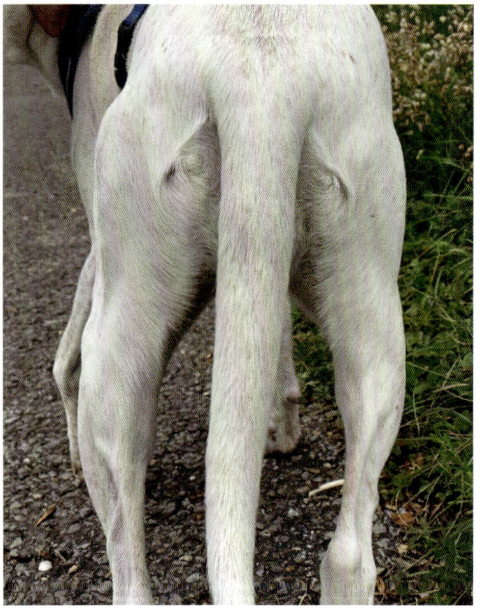

August 2021: Dies ist eine Aufnahme der beiden Oberschenkel am Anfang des Trainings: der rechte Oberschenkel ist deutlich schmäler.

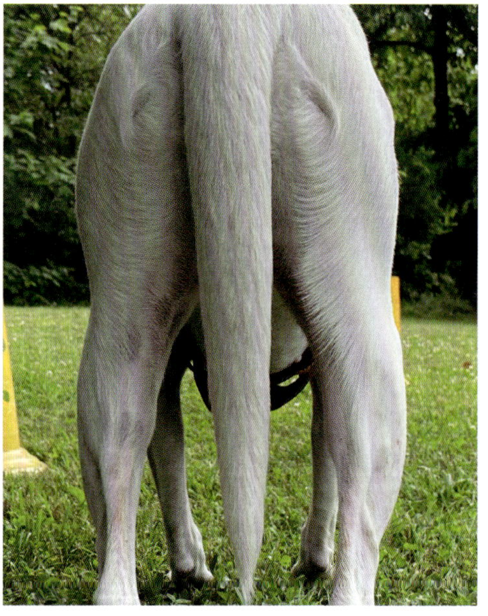

Mai 2022: Durch die Behandlung konnten nun beide Hinterbeine gleich belastet werden, was sich auf die Muskulatur des rechten Oberschenkels auswirkt.

Sie sehen: Sie brauchen noch nichtmal Erfahrung und Kenntnisse über die unterschiedlichen Gangbilder zu haben, um erste und wichtige Zeichen schon zu erkennen und miteinander zu verknüpfen. Lernen Sie, Ihren Hund in allen Lebenslagen zu beobachten und nehmen Sie regelmäßig Bilder von allen Seiten im gleichen Licht auf, sodass Sie die Entwicklung verfolgen können.

Das Gangbild

Auch hier können Sie erstmal nur Ihren Blick schulen und genau hinschauen, was im Bewegungsablauf Ihres Hundes „unrund" aussieht.

Zuerst kann man feststellen, ob er eine bevorzugte Gangart hat oder ob es eine Gangart gibt, die er meidet. So gibt es Hunde, die vom Gehen direkt in den Galopp wechseln, wenn sie schneller werden wollen. Betrachten Sie auch die Art und Weise, wie er den gesamten Körper hält, während er sich fortbewegt: sieht das eher kurztrittig aus oder sind die Bewegungen großräumig? Eine raumgreifende Bewegung spricht eher von Lockerheit, während kleine Schritte eher für Verspannung stehen.

Wie hält er den Rücken? Ist dieser steif und bewegt er sich kaum oder fließt er schön und geschmeidig in der Bewegung mit? Machen Sie auch hier wieder einige Videoaufnahmen zu unterschiedlichen Zeiten: wenn Ihr Hund sich fortbewegt sowohl von hinten als auch von der Seite und von vorne. Lassen Sie das auf sich wirken und vergleichen Sie es immer mit Aufnahmen zu späteren Zeiten.

Es ist auch sehr interessant festzustellen, was Sie hören, wenn Ihr Hund läuft. Schleift er eine oder mehrere Pfoten über den Boden, dann ist es sinnvoll festzustellen, welche diese sind. Schreiben Sie es am besten sofort auf, denn diese Sache mit links oder rechts vergisst man allzu schnell, zumindest geht es mir so. Oder hören Sie alle vier Füße auf den Boden kommen und kommen diese alle gleich leicht oder schwer auf?

Stolpert Ihr Hund öfters und gibt es Umstände, an denen Sie dies festmachen können: drinnen, draußen, in engen Räumen, am Anfang des Spaziergangs oder eher gegen Ende? Geht Ihr Hund regelmäßig im Passgang, und wenn ja, gibt es hier auch Umstände, in denen er das eher tut: Berg runter oder hoch, bei Ermüdung, oder gar immer? Wie läuft Ihr Hund eine steile Steigung hoch, und wie läuft er sie herunter? Versucht er beim Herunterlaufen arg abzubremsen oder läuft er Zickzacklinien, weil ihm die Belastung zu hoch ist?

Können Sie sehen, ob zum Beispiel hinten ein Bein steifer gehalten wird oder winkelt er alle Beine gleichmäßig an? Sieht es aus, als ob er ein Bein nachschleift oder belastet er alle Viere gleich?

Eine weitere wichtige Beobachtung könnte sein, dass Ihr Hund den Körper beim Laufen diagonal schief statt gerade hält. Letzteres wäre das richtige und an einem schieflaufenden Hund ist nichts korrekt. Es kann tatsächlich durch das Aufliegen der Schleppleine auf dem Rücken liegen und dann sollte man sich darüber auch Gedanken machen und gegebenenfalls für eine leichtere Leine, einen leichten Karabiner optieren und das Leinenhandling an sich überdenken.

Und natürlich ist es wichtig zu schauen, ob Ihr Hund eher langsam oder schnell läuft und wie sich das Gangbild bei neuen und unbekannten oder rutschigen Böden verändert. Unsicherheit bei bestimmten Böden, Treppen, Stufen oder Stegen zeigt uns, dass er Schwachstellen im Körper hat, insbesondere, wenn sie nach dem ersten Erlernen bestehen bleiben.

Generelle Verhaltensprobleme und andere Anzeichen, bei denen man unbedingt Schmerzen abklären lassen soll

Natürlich können Sie versuchen, das Verhalten Ihres Hundes umzutrainieren, bevor Sie eine eventuelle Schmerzthematik gründlich abgeklärt haben, aber die typischen Begleiterscheinungen eines Hundes, mit dem an mehreren Verhaltensthemen trainiert wird und der nicht auf Schmerzen gecheckt wurde, sind folgende: Mehrere Trainerwechsel, mehrere Tierarztwechsel oder gar kein Tierarztbesuch, mehrere gesundheitliche Baustellen, die sich parallel zueinander entwickeln und alle ihre Therapie brauchen. Psychopharmaka (manchmal sogar mehr als nur ein Mittel), Kastration, chemisch oder echt und ein manchmal sehr eingeschränkter Alltag zwecks absoluter Stressvermeidung, und dies für eine lange Dauer. Das ist oftmals die Summe und der Lebenslauf von zum Teil sehr jungen Hunden. Niemand hat bisher verstanden, dass er sehr wahrscheinlich mit seinem Verhalten von Schmerzen spricht, dass also sein Verhalten symptomatisch sein könnte.

Aggression

Dies ist natürlich das Verhalten, das am meisten belastet. Wenn Hunde eine Gefahr für das Umfeld und die Umwelt darstellen, wird das Zusammenleben mit ihnen wirklich kompliziert. Sind Menschen gefährdet, ist es doppelt belastend, und dann ist häufig mehr als nur die Versicherung involviert. Es ist auch für den Hundehalter ein Albtraum, wenn ein Mitmensch von seinem Hund geschädigt wird und immerhin sind immer noch mehr Menschen als Hunde auf den Straßen unterwegs. Aber natürlich sollten auch andere Hunde nicht verletzt werden.

Leinenreaktivität

Die Leinenreaktivität ist insofern belastend, als dass es vor allem laut und chaotisch aussieht und man in der Regel machtlos ist, sobald der Hund in angeleintem Zustand einen anderen Hund sieht. Je nach Größe und Kraft des Hundes kann dies das Problem noch verstärken und vor allem kann man als Hundeführer tatsächlich körperlich in die Probleme kommen, wenn man den Hund einfach nicht halten kann.

Allgemein ängstliches oder unsicheres Verhalten

Wir haben bereits gesehen, dass Schmerzen den Organismus in Alarmbereitschaft versetzen. Wenn der Hund permanent Schmerzen hat, wird er dauerhaft versuchen, Aktionen oder Situationen zu meiden, die einen Schmerzreiz auslösen oder auslösen könnten. Er kann die Aufmerksamkeit nicht mehr von den Schmerzen ablenken und sein ganzes Verhalten wird komplett davon vereinnahmt. Dies kommt meistens nur schleichend, deshalb ist es für die Hundebesitzer nicht immer einfach zu unterscheiden, ob es nun wirklich Schmerzen sind. Sehr häufig findet man es normal, dass ein älterer Hund eben andere Gewohnheiten und andere Verhaltensweisen annimmt, langsamer und zaghafter wird. Das muss jedoch nicht immer der Fall sein! Der Schmerz muss weg. Aber wenn Ihr Hund generell ängstlich und vor allem schreckhaft ist, auch wenn er jung ist, dann ist es ein guter Rat, dies überprüfen zu lassen.

Bedingte Trainierbarkeit

Hunde, die dauerhaft oder punktuell von Schmerzen geplagt werden, sind in der Regel nicht gut trainierbar. Ihr Organismus kämpft ständig mit einem Gefühl von Bedrohung, Angst und Unsicherheit und ist in Dauerbereitschaft. Wenn der Schmerz nicht

dauerhaft da ist, ist jedoch die Erwartung da, er könnte zu jeder Zeit wiederkommen. Viele meiner Klienten kennen ihren Hund bereits so gut, dass sie mir manchmal sagen: „So, wie er heute morgen aufgestanden ist, habe ich für den Trainingstag wenig Hoffnung". Sie werden verstehen, dass da dann auch keine Blutwurst oder Käse Abhilfe schaffen kann, denn zusätzlich wird das Verdauungssystem wegen des Stresses auf inaktiv gestellt. Kurzum: Hunde mit Schmerzen können nur bedingt und manchmal oder an manchen Momenten sogar gar nicht kooperieren.

Hier sehen Sie Dio, einen Huskymix, der vermutlich gerade eine Schmerzattacke hat und nicht kooperieren kann.

Mangelhafte Ansprechbarkeit

Eine der frustrierendsten Zustände dieser Hunde ist, wenn sie nicht in der Lage sind, die Kommunikation mit ihren Personen zu etablieren oder aufrecht zu erhalten. Es gibt dann kaum oder keinen Blickkontakt und der Hund zieht von seiner Person weg, so weit die Leine es zulässt oder er setzt sich mit dem Rücken zu seiner Person und steigt aus, schaut in die Ferne oder fixiert immer einen neuen Auslöser, der in unseren Augen keiner ist. Es kann eine Situation von kurzer Dauer sein, aber diese Lage kann auch einen Tag andauern.

Gute Tage, schlechte Tage

Wie vorher bereits erwähnt, haben Hunde mit Schmerzen manchmal gute und manchmal schlechte Tage. Das kann mit den Wetterbedingungen, der emotionalen, mentalen und körperlichen Belastung am Vortag oder schlicht und ergreifend mit dem Ursprung der Schmerzen zu tun haben. Ich frage gerne danach, wann die „Vorfälle" oder die Reaktivität stärker sind und ob die Klienten sich daran erinnern können, was an dem Tag vorher passiert ist. Ein gezieltes Nachfragen führt manchmal zu wertvollen Aha-Erlebnissen, die ihrerseits wiederum zu wirksamen Maßnahmen leiten können.

Dr. Jekyll & Mr. Hyde

Sehr häufig sind die Hunde in ihrer vertrauten Wohnumgebung sehr ruhig und entspannt. Man hört und sieht sie nicht und sie sind umgänglich, wenn nicht zu viel Trubel im Haus ist. Wenn alles so ist, wie sie es kennen, kommen sie mit Umfeld und Alltag gut klar. In den eigenen vier Wänden fällt eine Menge von unsicheren Faktoren weg, dort ist alles bekannt und kontrollierbar und hier muss der Hund nicht um seine Sicherheit bangen.

Sobald fremde Elemente, fremde Umgebung und ein anderer Ablauf hinzugefügt werden, kommen diese Hunde bereits an ihre Grenzen. Es ist logisch, dass sie draußen stärker in Habachtstellung sind als drinnen, aber auch da kann man feststellen, dass das Gruppentraining oder ein Social Walk in bekannter Umgebung und mit bekannten Hunden besser laufen als solche, wenn zum Beispiel ein einzelner neuer Hund hinzugekommen ist. Viele dieser Hunde kommen von Anfang an mit bestimmten Personen gut klar und mit anderen nicht – in meinen Augen liegt dies weniger an der Person als an der Phase, in der er die Person hat kennenlernen können.

Geringe Belastbarkeit

Ob es körperlich, mental oder emotional ist, Schmerzen führen dazu, dass Hunde weniger gut mit „Situationen" umgehen können, egal ob sie neu sind, brenzlig oder etwas anfordernd. So kann es sein, dass Hunde sich einfach beim Spaziergang hinsetzen oder hinlegen und nicht mehr weiterlaufen. Manche stehen morgens gar nicht erst auf, wenn es zum Gassi gehen soll, weil sie wissen, dass der Spaziergang ihnen nicht gut tun wird. Das sind die „Morgenmuffel", die so lange im Bett liegen, bis man sie rausholt. Sie zeigen uns oft und schnell, was geht und was nicht: bestimmte Strecken möchten sie meiden, vielleicht aufgrund der schwierigen Begegnungen oder aufgrund von Lärmbelästigung, wegen der Beschaffenheit des Geländes oder des Untergrunds oder wegen Erfahrungen in der Vergangenheit. In meiner Verhaltensarbeit integriere ich auch oft die Tellington TTouch® Bodenarbeit: Hier wird der Hund sehr langsam und achtsam durch einfache Figuren geleitet oder kann es frei und ohne Leine machen. Das ist für manche Hunde sogar zu viel und sie sträuben sich, geraten ins Meideverhalten oder zeigen tatsächlich Übersprungsverhalten. Sie können sich auch insgesamt nicht gut und vor allem nicht lange konzentrieren und klinken sich beim Training aus. Diese Hunde brauchen viele Pausen und kurze Trainingseinheiten, damit sie nicht überfordert werden. Auch Spiel wird von diesen Hunden oftmals nach kurzer Zeit abgebrochen: „Er holt das Bällchen zweimal und dann interessiert es ihn nicht mehr".

Berührungsempfindlichkeit

Ein sicheres Zeichen für verallgemeinertes Schmerzempfinden ist auch die Tatsache, dass sich viele Hunde nicht anfassen lassen. Die Hundebesitzer können gerade noch – und manchmal nach intensivem Training – das Geschirr anlegen oder den Mantel überziehen. Aber da hört es dann auch auf. Fürs Krallenschneiden, Ohrenputzen, Entfilzen oder Zähnepflegen muss häufig auf die nächste Narkose gewartet werden. Es leuchtet ein, dass bei jedem Hund die Zecken entfernt, aber auch eine Wunde gepflegt werden können muss. Wenn die Bezugspersonen bereits so wenig am Hund manipulieren können, kann man sich vorstellen, dass beim Tierarztbesuch oder in der Osteopathie oder bei der Physiotherapeutin gehörig Stress geben wird. Meistens ist es so, dass der Hund die Behandlungen nicht bekommt, weil es für ihn zu viel Stress wäre oder er einfach nicht kooperieren kann. Das ist problematisch. Eine sichere Ursache für ausgeprägte Berührungsempfindlichkeit ist der Schmerz. Es kann sein, dass er zum Beispiel anfangs nur am Rücken empfindlich ist, aber sehr häufig verallgemeinert sich dies über den ganzen Körper. Sehr häufig legen die Hunde sich zu uns aufs Sofa oder Bett, wenn wir als Person selber stillhalten, aber sobald wir zu viel in Bewegung sind, legen sie sich häufig an eine andere Stelle.

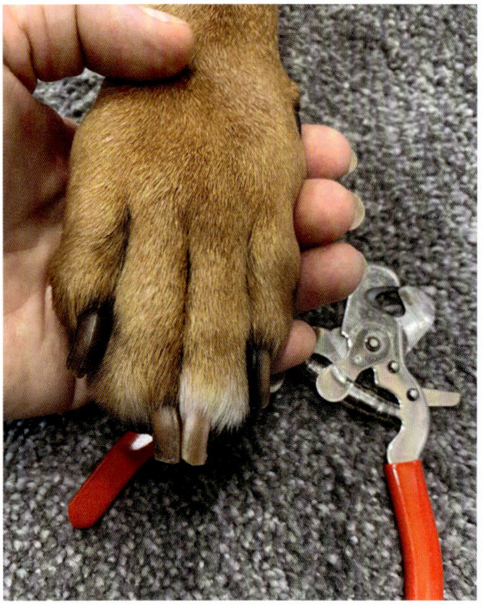

Krallen wetzen sich nicht immer von alleine ab, man sollte sie so kurz wie möglich halten. Viele Hunde mögen es nicht, aber man kann es üben.

Ein typisches Zeichen für eine Belastung durch Schmerzen ist auch, wenn der Hund keine Wärme oder Hitze verträgt und auch nicht gut mit Kälte zurechtkommt. Täuschend dabei ist, dass sich die gleichen Hunde manchmal in die pralle Sonne legen. Schauen Sie einfach, ob die Belastbarkeit deutlich reduziert wird, wenn das Wetter wärmer wird oder ob der Hund verkrampft aussieht, wenn er friert.

Multiple Gesundheitsprobleme

Schmerzen sind ein enormer Stressor, vor dem der Hund nicht weglaufen kann. Wenn wir Menschen Schmerzen haben, jammern wir, nehmen ein Schmerzmittel oder gehen zum Arzt. Hunde sagen uns das nicht so deutlich, sondern eben durch viele kleine Verhaltensweisen. Diese Verhaltensweisen sind die gleichen wie bei Langzeitstress, der Hund ist ständig auf der Suche nach einem Verstärker oder einer Erleichterung. Das Nervensystem ist permanent oder zumindest in bestimmten Situationen auf Hochtouren und Überleben geschaltet. Das zieht weitere gesundheitliche Baustellen nach sich.

Der Großteil der Hunde, die zu mir ins Training kommen, hat mindestens eine Futtermittelallergie oder -unverträglichkeit. Meistens wurde sie nicht oder noch nicht bestimmt und in der Zwischenzeit bekommt der Hund völlig denaturiertes Trockenfutter zu essen, das von seinem Körper keine Reaktion mehr hervorruft, weil es kaum noch als Nahrung erkannt wird. Ernährungstechnisch ist dies in meinen Augen eine sehr unzulängliche Situation. Bei anderen Hunden wurde eine Schilddrüsenunterfunktion oder eine sich anbahnende festgestellt und bei noch anderen Hunden spielt die Bauchspeicheldrüse oder der Darm verrückt. Was wäre, wenn diese Phänomene alles Folgen des Dauerstresses wären?

Wie geht es Ihnen, wenn Sie Schmerzen haben?

Und vor allem: Wie geht es Ihnen, wenn Sie bereits Hilfe eingeholt haben, aber Ihnen der Schmerz nicht genommen werden kann? Es ist bei Hunden eigentlich immer der zweite Fall, denn Sie sind davon abhängig, ob wir es erkennen oder nicht.
Schmerzen verändern so viel im Leben. Sie beeinflussen unsere Laune, unsere Freude und unser Interesse am Leben, unsere Unternehmungslust, unsere Beteiligung am Geschehen um uns herum. Sie nehmen uns die Freude am Planen, denn wir wissen nicht, wie wir uns am nächsten Tag fühlen. Sie reduzieren unsere Toleranz gegen Reize und Stressmomente, die wir ohne Schmerzen perfekt meistern könnten. Sie dämpfen unsere Energie, sie schränken unsere Beweglichkeit und unsere Möglichkeiten ein, zum Beispiel Sport zu machen, in der Natur zu sein, zu tanzen, zu feiern, aber auch unserer Arbeit und unseren Hobbies nachzugehen. Schritt für Schritt verändern Sie unseren Blick aufs Leben. Unser Alltag wird kleiner. Unsere Haltung und unsere Bewegungen werden an den Schmerzen angepasst, was möglicherweise neue Schmerzursachen entstehen lässt. Und jetzt stelle Sie sich vor, Sie brauchen jemand, der das für Sie regelt, und er kann die Schmerzen nicht erkennen. Schmerzen müssen weg.

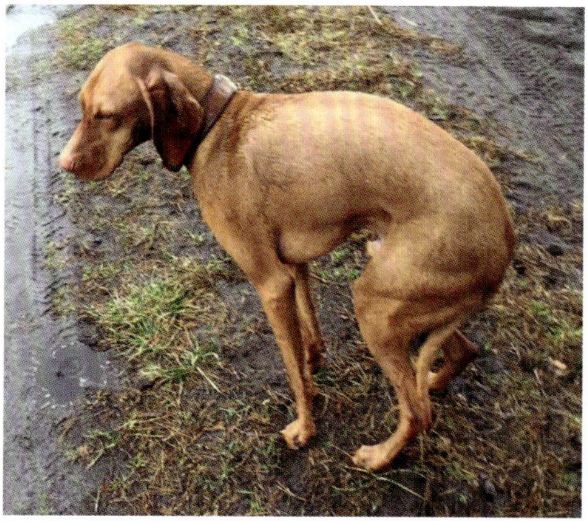

Diesem Hund stehen die Schmerzen ins Gesicht und in den Körper geschrieben. Er hat die meiste Zeit seines Lebens mit einem hochgezogenen Rücken verbracht, wodurch er aussah, als würde er auf Stelzen laufen. Es wurden sehr viele Anläufe genommen, um eine medizinische Diagnose zu erhalten. In seinem neunten Lebensjahr wurde erkannt, welche Probleme er an der Wirbelsäule hat. Sein Verhalten anderen Hunden gegenüber war reaktiv, aber nicht gefährlich, er hatte eine Fliegenphobie entwickelt und war nicht sehr belastbar, sondern eher zurückgezogen und „angepasst".

Dies ist der gleiche Hund nach einer effektiven Schmerzbehandlung mit anschließender Physiotherapie zwecks Muskelaufbau.

Sein Rücken sieht tatsächlich länger aus und anstatt mit seinen langen Beinen zu „tippeln" hat er jetzt einen lockeren Gang.

8. Die Diagnostik

Multimodalität in der Diagnostik und Therapie

Wie vorher bereits beschrieben ist es eine Tatsache, dass in der tierärztlichen Praxis sehr häufig die Zeit für eine eingehende Untersuchung fehlt. Dazu gibt es auch Quellenangaben. Eine gründliche Anamnese, die Beschreibung der Vorgeschichte des Patienten, ist sehr zeitintensiv und sprengt in der Regel in einer normalen Sprechstunde die dafür vorgesehene Zeit. Dabei ist genau diese Anamnese mit einer regelrechten Detektivarbeit zu vergleichen. Dazu werden im Vorfeld einer Untersuchung des Schmerzpatienten bereits möglichst viele Informationen eingeholt. Wir haben dazu eine spezielle Datenbank erstellt. Diese Daten können in Ruhe im Voraus vom Patientenbesitzer übermittelt und vom behandelnden Tierarzt ebenso in Ruhe analysiert werden. Der Erfolg steht und fällt mit der Akribie bei dieser Analyse. Um strukturiert vorgehen zu können, ist hierzu ein grundsätzliches Wissen erforderlich. Im Folgenden möchte ich auf diese Grundlagen eintreten.

Die funktionelle orthopädische Untersuchung

- professionelle Gangbildbeurteilung
- Biomechanik Schulter- und Beckengürtel sowie Wirbelsäule
- funktionelle Neurologie, Innervation und Steuerung Körper
    - Somatisch
    - Autonom
- strukturelle Orthopädie (Knochen, Bänder, Sehnen und Muskeln)
- Neuro-Biomechatronik (Steuerung der Bewegung und Schmerzen, Zentralhirn)
- Biokybernetik

Wenn diese Punkte gründlich untersucht werden, kann man den Schmerzpatienten, generell jeden kranken Hund, untersuchen und auch weiter betreuen.

Der Beginn der Untersuchung erfolgt immer im Freien. Dies bedeutet, dass einleitend neben der Anamnese die sogenannte professionelle visuelle **Gangbildbeurteilung** durchgeführt wird. Hier wird der Hund einmal auf hartem Boden und einmal zum

Vergleich auf weichem Boden hin und her bewegt. Das Entfernen und Zurücklaufen erlaubt es, die Beckengliedmaße sowie den Schultergürtel des Hundes zu beurteilen. Dabei lassen sich die Beweglichkeitsformen der Beckengliedmaße über Hüfte, Knie sowie Sprunggelenke erfassen. Während die Schulter, Ellenbogen und das Vorderfußwurzelgelenk inklusive der Zehen von vorne evaluiert werden können, sollte auf der Geraden zusätzlich die Sitzposition kontrolliert werden. Ein wichtiger Fokus richtet sich in dieser Beurteilung auf die Haltung und Bewegung des Kopfes. Er ist die Steuerzentrale und darf nicht vergessen werden.

Im nächsten Schritt dieser Gangbildbeurteilung ist die Bewegung auf der Treppe, also das Hinauf- und Hinabsteigen der Stufen, zu bewerten. Daraufhin bedarf es einer Untersuchung des Hundes von der Seite, die in beide Richtungen von rechts und von links durchzuführen ist. Nachdem dies erfolgt ist, wird der Hund von der rechten wie auch der linken Seite in einem Kreis geführt. Somit kann vor allem das Schmerzverhalten in der Vor- respektive der Hinterhand untersucht und beurteilt werden, aber auch die Koordination der Bewegung ist sehr wichtig.

Ist die Evaluation des Gangbildes auf der ebenflächigen Geraden abgeschlossen, kann im Anschluss das gleiche Verfahren im Hang umgesetzt werden. Je nach Situation kann es ferner notwendig sein, den Hund über steinigen Untergrund laufen zu lassen, wenn der Verdacht auf Veränderungen in der distalen Gliedmaße, also in den Zehen, besteht.

Die Dauer dieser professionellen Gangbildbeurteilung beläuft sich auf fünf bis acht Minuten und gibt – unabhängig davon, ob es sich um einen orthopädischen oder einen Schmerzpatienten handelt – einen wichtigen Hinweis darauf, wie sich das Gangbild und Skelettsystem verhalten. Grundsätzlich ist immer zu berücksichtigen, dass das Skelettsystem neben der Haut das größte Organsystem darstellt. Dies bedeutet, dass sich Schmerzprozesse in der Kopf- oder Rückenhaltung, im Schuler- oder Beckengürtel, in der Sitzposition, in der Bewegung oder im Sitzen oder Liegen etc. manifestieren können. Aber auch an der Leistungs- und Laufbereitschaft des Hundes und dem Umstand, ob er den Rücken ausstreckt und biegt oder ob er das Becken einzieht und den Kopf kippt, lässt sich festmachen, ob und wo ein Schmerzprozess vorhanden ist. Diese tiefgründige Gangbildbeurteilung erweist sich auch im Zusammenhang mit dem äußerlichen Gesamteindruck des Hundes als wichtig. Hierbei gilt es genau zu studieren, wie der Hund sich in der Öffentlichkeit verhält, ob er beispielsweise ängstlich oder aggressiv auf die Nähe anderer Menschen, seine Umwelt, externe Einflüsse etc. reagiert. All diese Informationen, die sich aus der Beobachtung des Hundes im sozialen Kontext erschließen lassen, stellen einen wesentlichen Faktor bei der Beurteilung des Schmerzpatienten dar. In diesem Zusammenhang kann ich in meiner Praxis auch festhalten, dass die benachbarte Schule diesbezüglich sehr ideal ist. Die Geräuschkulisse sowie vorbeiziehende Kinder können hier einige wichtige Informationen liefern. Schmerzpatienten können auf Geräusche empfindlich reagieren. Die Stellung der Ohren sowie die Augen sind ein wichtiges Indiz dafür.

Für die bestmögliche orthopädische Untersuchung ist es ferner essenziell, die **Biomechanik für den Schulter- und Beckengürtel** sowie die Wirbelsäule in das Prozedere mit einzubeziehen. Eine Auseinandersetzung mit der Orthopädie oder eben dem Schmerzpatienten macht es erforderlich, sich zugleich mit der Biomechanik des Hundekörpers von Kopf bis zur Rutenspitze zu beschäftigen, um sich eine Vorstellung davon zu machen, wie sich dieser bewegt und welche Stellung er im Idealfall zeigen muss. Gleichzeitig ist es wichtig zu begreifen, wie die Bewegung der Schulter verläuft, welche Freiheitsgrade in der Bewegung existieren, während dasselbe Verständnis auch für die Funktion der Hüfte, Knie, des Beckens und der Beckengliedmaße, der Wirbelsäule usw. vorausgesetzt wird. Dadurch lässt sich klären, wo der Hund Einschränkungen aufweist. Allein dieser Abschnitt der orthopädisch-funktionellen Untersuchung kann einige Minuten in Anspruch nehmen. Wird nun zusätzlich die Dauer der Durchführung einer Gangbildanalyse im Freien sowie der darauffolgenden biomechanisch-funktionellen Untersuchung des Skelettsystems hinzuaddiert, liegt die aufgebrachte Gesamtzeit bislang bei schätzungsweise zwanzig Minuten.

Diese Voraussetzungen ermöglichen die optimale Beurteilung eines Schmerzpatienten, nach deren Beendigung zu der **funktionell-neurologischen Untersuchung** übergegangen werden kann. Darunter sind nicht nur die Nervenreflexe zu verstehen, sondern auch die Steuerung im Körper. In der Neurologie gibt es eine somatische Steuerung oder eine somatische wie auch autonome Innervation. Das heißt, wir müssen nun die bewussten und unbewussten Reflexe und Steuerungen im Körper, die Beweglichkeit der Beckengliedmaße oder auch der Schultergliedmaße verstehen. Die neurologischen Reflexe für die Propriozeption, Reflexe und die autonome Innervation – das sind primär die sympathischen und parasympathischen Funktionen wie Magen, Darm, Leber, Niere, wie diese gesteuert sind und im Körper interagieren.

So lässt sich zum Beispiel eine Inkontinenz – ein bei Schmerzpatienten häufiges Problem – besser verstehen oder auch das Verlieren von Kot im Schlafzustand bei älteren Tieren. Ausschlaggebend ist hierfür, Auskunft über den somatischen Teil geben zu können, also neben der Art und Weise der Bewegung des Hundes zu erfassen, wie die bewusste und unbewusste neurologische Steuerung zum Tragen kommt.

Ist der neurologische Part erledigt, kann die **strukturelle orthopädische Untersuchung** stattfinden, indem Knochen, Bänder, Sehnen und Muskeln beurteilt werden und zusätzlich ein Palpieren auf Schmerzen und eine Rückbildung in der Muskulatur – also auf Atrophien, Frakturen oder Bänderverletzungen – erfolgt.

Eine Messung der Elastizität dieser Strukturen sowie eine weitere Differenzierung des Ganzen führt unweigerlich zu der Notwendigkeit einer Auseinandersetzung mit der **Biomechatronik**. Darunter ist zu verstehen, dass geklärt werden muss, wie der Hund seine Bewegung steuert, ob er etwa geradeaus läuft, mit der Vor- oder Hinterhand in eine Außenstellung geht, ob sein Kopf verkippt ist, seine Gangbewegung krumm verläuft und ähnliches mehr. Die Neuro-Biomechatronik dient dazu, über ebendiese Punkte Auskunft geben zu können, also offenzulegen, wie die Steuerung der Bewegung abläuft und wo Veränderungen präsent sind. Hier muss in erster Linie unterschieden werden, ob diese Steuerungsdefizite in der Peripherie liegen, zum Beispiel in einer Gliedmaße, Hüfte oder ob sie eher zentral verankert sind, sei es im Hirnstamm oder im Großhirn. Im letzten Schritt der funktionellen orthopädischen Untersuchung ist die sogenannte *Range of Motion* oder eben die Biokybernetik über die Beweglichkeit von Gelenken, wie etwa der Ellenbogen, zu überprüfen. Damit lässt sich aufdecken, ob die Streck-Biegung sowie die Pro- und die Supination normgerecht verlaufen oder ob – auch aufgrund von Schmerzen in den Röhrenknochen – ein Hinweis auf beispielsweise eine Ellenbogendysplasie vorliegt. Es kann also festgestellt werden, dass bei der Durchführung einer funktionellen orthopädischen Untersuchung verschiedene elementare Punkte zu berücksichtigen sind, die es erlauben, eine Aussage darüber treffen zu können, wie das Körpersystem des Patienten funktioniert und ob Asymmetrien oder funktionelle Bewegungseinschränkungen zu erkennen sind. Ergänzend können auch Veränderungen der Haut und im Haarkleid sowie Wirbelbildungen als Indikatoren von bestehenden Schmerzen aufgefasst werden.

Bei der **Biokybernetik** kommen noch die Immunprozesse hinzu: Veränderungen der Haut, Wirbelbildung im Fell, säuerlicher Geruch, Abmagerung oder ähnliche Auffälligkeiten, Vorquellen der Augenlieder, gerötete Augen, Zahnfleischbluten oder generell Zähne, die auf einen Krankheitszustand des Hundes hinweisen. Gerade das Thema Zahnschmerzen wurde in der Veterinärmedizin lange vernachlässigt. Dies hat sich aber zum guten Glück in den letzten Jahren deutlich verbessert.

Die funktionelle Untersuchung dient generell dazu, überhaupt erst die Ursache beim Schmerzpatienten ermitteln zu können, deren Großteil auf skelettale Veränderungen zurückgeführt werden kann. In diesem Kontext ist es wiederum wichtig, das sogenannte Reiz-Reaktions-Prinzip näher zu betrachten, das bereits in einem vorherigen Kapitel angeführt wurde. Bei einer Auseinandersetzung mit dem Reiz-Reaktions-Prinzip kommen indes zwangsläufig die Form-Funktions-Veränderungen zum Zug, bzw. der

Umstand, dass – wie in der unteren Grafik erkennbar – eine absolute oder eine relative Form-Funktions-Veränderung vorliegen kann. Bei den absoluten Form-Funktions-Veränderungen ist beispielsweise von einer Ellenbogen- oder Hüftgelenksarthrose die Rede; handelt es sich allerdings um eine relative Form-Funktions-Veränderung, so manifestiert sich diese in einer Beckenschiefstandstellung oder im Schultergürtel

Die vielschichtigen Folgen von Schmerzen

Beim Hund ruhen 60 % des Körpergewichts auf der Vorhand, die Dynamik hingegen geschieht aus der Hinterhand. Viele Schmerzprozesse führen jedoch zu einer Veränderung dieser Verteilung, sodass der Hund nicht imstande ist, diese statisch-dynamischen Prozesse problemlos auszuführen und deshalb auch die genannten Veränderungen im Gangbild und in der Statik / Haltung zeigt. Es kommt zu Fehl- und Überlastungen zwischen der Vor- respektive der Hinterhand. Bei der Neurobiologie geht es im Wesentlichen darum, dass eine Regulation der Bewegung besteht. Beim Schmerzpatienten hingegen ist diese nicht mehr gewährleistet, wodurch der Hund beispielsweise in einer Außenstellung mit der Hinterhand läuft und den Kopf schief hält. Letztendlich erweist sich eine Auseinandersetzung mit der Neuro-Biomechatronik sowie der Zentralisation der Bewegung sowie der Schmerz-Nozizeption als unerlässlich, da der Schmerz bzw. die Entzündungen hierin verortet sind und damit de facto Schmerz- und entzündliche Prozesse generiert und gesteigert werden. Der Schmerz übernimmt in einem solchen Fall beim betroffenen Patienten nicht länger eine Warnfunktion, sondern entwickelt sich zu einer Pathologie, die den Hund zur Einnahme einer Schonhaltung zwingt. Sind diese Prozesse bereits eine Zeit lang im Gange, nehmen sie Einfluss auf das Immunsystem und reduzieren die Abwehrkräfte des Körpers, was folglich zu einer vermehrten Anfälligkeit für Infektionen führen oder Stoffwechselprobleme verursachen kann. Betrachtet man diese Situation in ihrer Gesamtheit, lässt sich feststellen, dass beim Schmerzpatienten in all den aufgeführten Bereichen und unabhängig von seiner effektiven Aktivität oder Inaktivität Veränderungen vorhanden sind – sei es in der Biomechanik, Biomechatronik oder in der Kybernetik. An dieser Stelle sei noch einmal erwähnt, dass die zentrale Verschaltung von Schmerzen und veränderter Bewegung im Mittelhirn erfolgt und dies in direkter Nachbarschaft von Amygdala einerseits und andererseits von der Thalamus-Region ist. Ich hoffe somit noch einmal klar aufgezeigt zu haben, wie wichtig Schmerzen und Bewegung zusammengehören.

In diesem Buch haben Sie bereits ein paar Mal den Verweis zu peripher respektive zentral gesehen. Darunter sind Schmerzen, Entzündungen sowie die Reflexverschaltungen in der Bewegung zu verstehen. Wenn wir dies mechanisch beim Auto vergleichen, so beschreibt peripher in Form von einer Schiefstellung in der Schultergliedmaße. Nach der Verinnerlichung dieser Definition der Form-Funktions-Veränderungen liegt der nächste Schritt darin, sich auf die Biomechanik zu konzentrieren, sich also konkret mit der Funktion der Gelenke und der Wirbelsäule und in erster Linie mit der Statik und Dynamik zu beschäftigen. Siehe Grafik S. 96.

den Sensor am Bremszylinder, zentral beschreibt die Informationsleitung zum Bordcomputer. Der Leser mag sich nun fragen, wie dies überhaupt feststellbar ist. Hierzu nutze ich die Kinematik und Kinetik. Darunter versteht man die Lehre der Bewegung sowie der Statik. Seit 2014 habe ich mit der Fachhochschule das mobile Ganganalyse-Sytem LupoGait® entwickelt. Im Frühling 2023 ist das erste technische Paper erschienen. Darin wird unser IMU-System mit einem optischen Tracer-System verglichen. Mit diesem kinematischen und mobilen Ganganalyse-Tool kann ich die Bewegung funktionell messen, die orthopädische manuelle Behandlung und vor allem die Vergleiche vor und nach der Behandlung aufzeigen. Je nach Befunden dieser Features (Resultate der Messungen) kann unterschieden werden zwischen der Peripherie und zentraler Verschaltung. Hier kann auch nach Behandlung der zentralen Regionen eine deutliche Veränderung der Features aufgezeigt werden, wenn die Zentralisation einen Einfluss ausübt.

Im YouTube Kanal unserer Praxis orthoVet finden Sie weitere Fallbeispiele:

VIDEO *Link: https://www.youtube.com/@patrickblattler2159*

Falls Sie mehr über die Kinematik lesen möchten, so können Sie über diesen Link die erste wissenschaftliche Publikation zu den IMU lesen:

WEB *Link: https://www.sciencedirect.com/science/article/pii/S2451943X23000182?via%3Dihub*

Schmerzmittel richtig einsetzen

Gabapentin beim Hund mit Arthrose

Tierärzte greifen im deutschsprachigen Raum immer mehr zu Gabapentin, und dies vor allem bei Arthrosepatienten, sei es bei Ellenbogen- oder Hüftarthrosen oder bei Knie- oder Pfotenarthrosen. Leider bekomme ich immer mehr Arthrosepatieten in der Praxis, die einen Cocktail von zentralwirkenden Medikamenten erhalten. Nebst Gabapentin erhalten diese Hunde auch noch gleichzeitig Morphine sowie Amantidinsäure zur Therapie der Arthrose. Die Folge ist, dass sie sich wie betäubt und benebelt verhalten. Diese Hunde können dann nicht mehr an der normalen Aktivität im Leben teilnehmen. Dies bringt viele Hundehalter so in die Verzweiflung, dass sie nach einer anderen Lösung suchen. Bei mir in der Praxis werden solche Hunde regelmäßig vorgestellt. Mit dieser Medikation wird die wichtigste Therapie der Arthrose vergessen – nämlich die Bewegung und Mobilität und Beweglichkeit!

Auch in der Verhaltensmedizin wird Gabapentin weit verbreitet verwendet. Wir können den Hund nicht fragen, welche Auswirkungen dieser Medikamentencocktail bei ihm hat. Aber wir wissen aus der Humanmedizin, dass auch hier bei chronischen Schmerzen oftmals Gabapentin verschrieben wird.

Chronischer Schmerz ist so penetrant wie ein Ohrwurm. „Nichts scheint zu helfen – oft nicht mal mehr Ibuprofen.“ So klingt es in der Schmerzsprechstunde beim Menschen. Anscheinend verbreitet sich diese Tendenz auch in der Tiermedizin. Der Einsatz von Gabapentin bei Arthrosen ist bei Tierärzten sehr beliebt, aber absolut falsch und entfaltet auf keinen Fall die gewünschten Ergebnisse in der Schmerztherapie. Das Gabapentin wirkt bei neuropathischen Schmerzen, die Arthrose ist aber kein neuropathischer Schmerz. Das Ziel ist, dass der Hund weniger hinkt, keine Schmerzen hat oder einfach nur ruhiger wird. Diese Idee oder dieser falsche Einsatz dieser Medikamente kann unter anderem zu fatalen Folgen führen. Nebst Durchfall und Erbrechen wird der Hund teilnahmslos und apathisch. Die orthopädische Problematik – das Hinken, zeigt weder Verbesserung noch eine Veränderung.

Beim Hund werden oft chronische und langanhaltende Schmerzen beobachtet. Das Resultat davon ist ein gesteigerter Einsatz Neuroleptika wie eben z. B. Gabapentin. Gerade ein langanhaltender Schmerz chronifiziert. Dies bedeutet, dass andere Strukturen, gerade wenn wir dies im Bewegungsapparat haben, in Mitleidenschaft gezogen werden. Somit kommt es zu einer Fehl- und Überlastung und strahlt auf den ganzen Bewegungsapparat aus.

Ganz vergessen geht dabei, dass Gabapentin ebenfalls bei Epilepsien und bei neuropathischen Schmerzsyndrom eingesetzt werden sollte. Dies ist der primäre Einsatz dieser Medikation. Bei Arthrosen ist das Mittel eindeutig fehl am Platz. Zur Erinnerung verdeutliche ich hier noch einmal die unterschiedlichen Indikationen:

Epilepsie:

Der Begriff der Epilepsie beschreibt das wiederholte Auftreten von Krampfanfällen. Es wird ein Ungleichgewicht von aktivierenden und bremsenden Transmittern (Botenstoffe) im Hirn vermutet. Die Ursache ist meistens unbekannt, dann sprechen wir von idiopathischer Epilepsie. Es wird wiederum ein genetischer Zusammenhang vermutet, ein polygenetischer Erbgang, also viele verschiedene Gene, vergleichsweise wie bei der HD und ED. Dieser genetische Hintergrund wurden beim Golden Retriever, Labrador Retriever und beim Berner Sennenhund nachgewiesen. Beim Beagle und beim Deutschen Schäferhund und Tervueren wird ein genetischer Zusammenhang vermutet.

Neuropathisches Schmerzsyndrom:

Dies sind Schmerzen durch Störungen oder Erkrankungen, die das somato-sensorische Nervensystem betreffen. Dies bedeutet, dass der Nerv oder das Nervensystem erkrankt und verletzt ist. Ein Beispiel ist eine Verengung im Rückenmark und des Nervensaustritts bei dem Cauda equina-Syndrom. Dadurch kommt es zu einer foraminalen Stenose (verkalktes Rohr) und damit zu einer Störung der Nervenleitung. Sie erkennen dies als Hinken und vor allem beleckt sich der Hund entlang des Hinterlaufs seine Gliedmaßen und durch ein vermehrtes Beknabbern der Füße oder Krallen oder vergleichbare Symptome.

Der Arthroseschmerz:

Der Schmerz bei Arthrosen ist durch zwei Komponenten gekennzeichnet:

1) Die mechanische Irritation

2) Die Entzündung durch die Fehl- und Überlastung

Damit ist klar, dass hier keine Strukturen des Nervensystems verletzt sind und somit auch keine Schmerzen der Nerven oder Nervenendigungen vorhanden sind – und somit Gabapentin bei Arthrose keine therapeutische Indikation darstellt.

Die Arthrose stellt einen degenerativen Prozess eines oder mehrerer Gelenke dar. Es ist ein mechanischer und entzündlicher Prozess mit deutlicher funktioneller Einschränkung. Der funktionelle Anteil dieser Pathologie ist sehr wichtig. Dies ist auch der Grund, warum Patienten mit Arthrose allenfalls praktisch keine Lahmheit und / oder Schmerzen aufweisen, wenn das Gelenk funktionell noch teilweise intakt ist. Funktionell bedeutet, dass das Gelenk sich aufgrund der Zubildungen nicht mehr in der von der Anatomie vorgegebenen Bahn bewegen kann oder eben noch im Rahmen der Möglichkeit. Dies ist abhängig vom Schweregrad der Arthrose. Damit der Hund aber einigermaßen „normal" laufen kann, müssen die restlichen Gliedmaßen sowie der Rücken die Bewegung kompensieren. Hier kommt wieder der Begriff der Chronifizierung zum Tragen. Dies ist auch der Grund dafür, dass Arthrose beim Hund als Zufallsbefund erhoben werden kann, da er noch nicht die typischen Symptome aufweist.

Die Arthrose führt zu Schmerzen, die bei Beginn der Bewegung oder bei einer längeren Belastung klinisch manifest sind. Auf diesen Umstand habe ich am Anfang bereits hingewiesen.

Bei der Beurteilung des Schmerzpegels bei der Arthrose ist die Unterscheidung von Bewegungsschmerzen versus Ruheschmerzen, oder noch schlimmer, Liegeschmerz zu machen. Letzterer unterscheidet sich beim Hund dadurch, dass diese Hunde vor allem in der Nacht sehr oft den Schlafplatz wechseln, unruhig sind und viel hecheln und somit den Schlaf des Besitzers rauben. Ein Teufelskreis, den nun den Besitzer ebenfalls in Mitleidenschaft zieht und Emotionen hervorrufen kann, was dann wiederum zur Vorstellung des Patienten in der orthopädischen Sprechstunde führt. Hier erkennt man somit auch die somato-psycho-soziale Wirkung auf den Besitzer – übernächtigt, Schlafmangel, Gereiztheit und viele andere. Solange aber der Prozess der veränderten Mechanik und der Entzündung weiterwirkt, gelingt dies nicht. Als Vergleich – Sie möchten mit dem Auto losfahren und haben die Handbremse immer noch angezogen.

So ist das Ziel der Therapie mit Gabapentin oftmals, den Hund ruhiger zu machen. Er ist somit müde, aber die Wahrnehmung von Schmerzen ist nicht reduziert, nur die Aktivität. Der Hund will sich einfach nicht mehr bewegen, da er müde ist. Hier ist noch mal in Erinnerung zu bringen, dass eine übermäßige Beweglichkeit und Rastlosigkeit des Hundes auch aufgrund von einem Schmerzzustand entstehen kann.

Der „Chill-Effekt" auf Rezept:

Obwohl Gabapentin bei bestimmungsgemäßer Anwendung nicht als berauschend eingestuft wird, berichten aber Anwender, dass es rauschähnliche Zuständen, Euphorie und sedierende Effekte hervorrufen kann. Patienten, die Gabapentin aus medizinischen

Gründen in therapeutischen Dosen über eine längere Zeit eingenommen haben, geben außerdem an, dass es süchtig machen kann. Entzugssymptome sind Angst, Schlaflosigkeit, Übelkeit, Erbrechen, Schwitzen, Appetitverlust und somit auch verstärkte Reaktionen auf Schmerzen, Kopfschmerzen, Ermüdung, Reizbarkeit, Unruhe und Anfälle. Einige dieser Symptome können wir beim Hund als Nebenwirkung beobachten. Ein wichtiges Symptom von Gabapentin ist auch nach einer gewissen Zeit der starke Haarausfall und haaren. Dies kann so weit gehen, dass kahle Stellen auftreten.

Nicolas Zellner von der technischen Universität München (TMU) stellt in der Studie „Nicolas Zellner, Florian Eyer, Tobias Zellner, Alarming Pregabelin Abuse in Munich: Prevalence, Patterns of Use and Complications, 2019“ fest: „Pregabalin ist nach Opiaten, Benzodiazepinen, Cannabis und Alkohol zur fünfthäufigsten missbrauchten Substanz aufgestiegen. Patienten, bei denen bereits eine Suchterkrankung besteht, greifen häufig auch zu Pregabalin.“

Zum Glück ist dies beim Hund noch nicht so weit. Aber die häufige Verordnung Gabapentin durch den Tierarzt sollte unsere Hundewelt nicht auch in diese Richtung treiben. Somit wäre es sinnvoll, wenn die Hundebesitzer mit Vorsicht dieses Medikament verabreichen. Vor allem bei Arthrose sollte diese Therapie sehr gut überlegt werden, natürlich nicht nur von Hundehalter. Auch Tierärzte sollten diesen Einsatz reiflich überdenken.

Die Konsequenzen der Therapie mit Gabapentin:

Wie aus diesem Beispiel leider ersichtlich wird, ist es Tatsache, dass Tierärzte immer wieder bei neurologischen Befunden sofort Gabapentin einsetzen. In diesem Fall wird dies als Analogie-Schluss gezogen, das bedeutet, eine neurologische Erkrankung erfordert den Einsatz von Gabapentin. Ob eine funktionelle Störung von Nerven vorhanden ist oder ob diese schmerzhaft ist, muss aber hinterfragt werden. So auch wird die Biomechanik meist nicht als Grundlage für funktionell-orthopädische, neurologische Erkrankungen in Betracht gezogen, obwohl diese in den meisten Fällen die wichtigste Grundlage bei orthopädischen Erkrankungen ist. Es wäre sicher wünschenswert, dass dieser Aspekt in die grundlegende orthopädische und neurologische Untersuchung weiter differenziert würde. Ebenfalls zu beachten ist, dass diese Medikation nicht bei allen Rassen und Individuen gleich gut verträglich ist. Generell gilt der Einsatz mit Gabapentin sollte gut überlegt sein und sinnvoll erscheinen. Es sind die positiven therapeutischen Erfolge den potenziellen Nebenwirkungen einander gegenüberzustellen und abzuwägen, was nun als Therapie sinnvoll erscheint. Dieses und andere Themen werden ausführlich in verschiedenen Webinaren vertieft behandelt: http://hundebewegungszentrum.ch

Substitution von Schilddrüsenhormonen im Zusammenhang mit dem Krankheits- und Schmerzmodell

Wie bereits an mehreren Stellen dargestellt, hat der pathogene Faktor „Schmerz“ in der Hundemedizin einen wichtigen Einfluss auf das ganze Körpersystem. Zunächst wird das Reiz-Reaktions-Prinzip ausgelöst. In diesem Zusammenhang hiermit wird auch die Schilddrüse gestresst und ihre Funktionalität beeinflusst. Wenn wir uns die neuroanatomische Achse veranschaulichen, so bekommen wir aus der Peripherie des Körpers Signale; diese werden zentral im Mittelhirn verarbeitet und erfahren auf der Achse Thalamus-Hypothalamus-Hypophyse ihre weitere Regulation.

Nebst der Komponente **„Biomechanik“**, dem wichtigsten Faktor in der Betrachtung und Beurteilung von orthopädischen Erkrankungen, sollten wir die Leistungsbereitschaft und die Leistungsmöglichkeit im Fokus haben.

Aus der klinischen Erfahrung will und muss ich beide Faktoren gleichgewichtend beurteilen, da beide ins ganze Körpersystem Einfluss nehmen. Dies nicht nur körperlich, also physisch, sondern leider auch auf der ganzen Ebene der psycho-sozialen Interaktion Hund-Hund sowie Hund-Mensch.

Welche Symptome gehören nun zur Schilddrüse, oder besser gefragt, welche klinischen Symptome treffen wir bei der Unterfunktion an? Wir werden uns in diesem Kapitel nur über die Unterfunktion unterhalten, da diese beim Hund in den allermeisten Fällen anzutreffen ist.

Typische klinische Symptome der Schilddrüsenunterfunktion:

- Leistungsabfall und Intoleranz
- Lethargie
- Gewichtszunahme sowie Polyphagie (Fresstrieb)
- Schlechtes Haarwachstum
- Bilateral symmetrische Alopezie (haarlose Stellen) Rute und Halsregion
- Pyodermie / Ekzeme (Infektion der Haut) sowie Tendenz zu Hot Spot
- Schuppen

Seltene Symptome bei der Schilddrüsenunterfunktion:

- Myxödem (Faltenbildung) im Gesicht
- Peripheres Vestibulärsyndrom (Kopfschiefhaltung)
- Polyneuropathie und propriozeptive Defizite, vor allem in der Hinterhand, Hinterhandschwäche
- Speiseröhrenlähmungen (Megaösophagus)
- Generell Paresen (Lähmungen), unter anderem beim Larynx (Kehlkopf)
- Zervikale Spondylomyopathie, knickt ein in der Vorhand
- Zyklusstörungen bei der Hündin
- Unfruchtbarkeit beim Rüden
- Bradykardie (Herzrhythmusstörungen)
- Verhaltensstörungen (Angst)

Vor allem die Verhaltensstörungen werden bei verschiedenen medizinischen Autoren meistens an letzter Stelle erwähnt. Dies steht oft in Opposition zu vielen anderen Laien, die sich mit der Schilddrüse befassen. Hier wird die Angst beim Hund im kausalen Zusammenhang mit der Schilddrüsenthematik diskutiert. Sehr oft stellt man aber fest, dass sich bei diesen Hunden die serologische Diagnostik jedoch in der Norm befindet. Hier stelle ich oft eine Diskrepanz zwischen der Veterinär-Diagnostik und der Laien-Diagnostik bezüglich dieses Themas fest.

Grundsätzlich stehen in der primären Symptomenliste die typischen Symptome für eine Schilddrüsenunterfunktion immer an erster Stelle. Anders ausgedrückt, ein ängstlicher Hund wird im Zusammenhang mit der Schilddrüsenunterfunktion als sekundäres Symptom betrachtet, und somit wird die Angst zu den typischen, primären klinischen Symptomen gezählt. Dies bedeutet, eine Unterfunktion der Schilddrüse kann wohl Angst-Symptome auslösen, aber dennoch sind andere Symptome ebenfalls vorhanden, die klinisch deutlich stärker in Erscheinung treten und offensichtlich sind.

In welchem Zusammenhang steht nun die Schilddrüse im Zusammenhang zu Schmerzen und Verhalten? Hier ein Fallbeispiel aus der Praxis.

Fallgeschichte Aska

Die Brackenhündin Aska wurde bei mir im Alter von 15 Monaten vorgestellt. Sie zeigte eine Leistungsintoleranz mit Lethargie sowie ein deutlich auffälliges Gangbild mit Hinterhandschwäche. Sie war zu diesem Zeitpunkt noch nie läufig gewesen. Bei diesem Umstand habe ich mehrmals nachgefragt, ob die Läufigkeit übersehen wurde oder ob diese asymptomatisch und still verlaufen ist. In diesem Zusammenhang sind bereits fünf der typischen Symptome der Unterfunktion vorhanden.

VIDEO Fall Aska

In diesem Video demonstriert die Hündin die typischen Bewegungsmuster bzw. die für eine Hüftgelenksdysplasie charakteristische Bewegungsanomalie. Zum einen erscheint sie in der Hinterhand etwas überbaut, das heißt, die Hinterhand ist hinten steiler gestellt; zum anderen lässt sie beim Laufen in der Hinterhand in beiden Beckengliedmaßen sowie auf der Höhe des Sprunggelenks eine Drehung nach innen erkennen. Was die Vorhand betrifft, so kann hier in beiden Ellenbogen eine O-Bein-, also eine *John Wayne*-Stellung, registriert werden. Der Hund hält in der Bewegung den Kopf zum Teil etwas tiefer und zeigt auch in der Hand beidseitig diesen „hakelnden" Gang. Auf der Seitenaufnahme sehen wir dann, dass das Tier hinten rechts zusätzlich durch eine deutliche Hangbeinlahmheit auffällt. Auf der Treppe wiederum lässt sich die fehlende Kraft der Hinterhand-Aktivität sowie ein typischer *Bunny Hop (hoppelnder Hase)* beobachten. Hierbei handelt es sich um charakteristische Symptome, die auf das Vorhandensein einer Hüftgelenksdysplasie hinweisen. Der Hund wurde im Anschluss an die Untersuchung radiologisch sowie labortechnisch untersucht. Die Radiologie war typisch für eine Ellenbogen- und Hüftgelenksdysplasie. Zusätzlich fielen aber auch die offenen Wachstumsfugen der Wirbelendplatten auf, die für einen 15 Monate alten Hund absolut untypisch sind, aber dennoch einiges erklären können. Das Labor hatte dann den Verdacht bestätigt. Eine typische Unterfunktion der Schilddrüse, aber bereits als Welpe.

Nach diesem eindrücklichen Fallbeispiel aus der Praxis bin ich der Meinung, und dies ohne Polemik vom Zaun zu reißen, dass bei diesem Hund die Unterfunktion eindeutig und nachvollziehbar ist.

In diesem Zusammenhang möchte ich auf Schawalder, Prieur, Koch et al. 1998 verweisen, die in diesem Zusammenhang die Dysplasie im Zusammenhang mit den Wachstumsstörungen bereits die Unterfunktion der Schilddrüse erwähnt haben, vor allem bei jungen und wilden Hunden, die durch stumpfe Traumata ausgelöst sein können.

Aska zeigt radiologisch und labortechnisch die Unterfunktion. Sie wurde bereits in der Klinik im Alter von 20 Wochen vorgestellt, da sie sich lethargisch verhielt. Die Hüfte wurden ebenfalls radiologisch untersucht und wies bereits die Dysplasie auf. Zu diesem Zeitpunkt wurde leider weder die Hüfte als radiologisch auffällig taxiert, obwohl diese geröntgt wurde, noch auf eine Unterfunktion der Schilddrüse untersucht, obwohl eine Laboruntersuchung veranlasst wurde. Man könnte wiederum hier auf die Komplexität des Krankheitsmodell hinweisen, wie wichtig diese Erkenntnis ist. Bei Beachtung der Gesamtheit der Symptome wäre die Unterfunktion früher erkannt worden und dadurch wäre die Therapie durch die Substitution nie so stark in Erscheinung getreten. Auch hätte man die Hüftgelenksdysplasie zu diesem Zeitpunkt mit der juvenilen pubischen Symphysiodese (JPS) behandeln können, um somit die Stabilität der Hüfte zu verbessern.

Die Hündin hat nun auf die eingeleitete Therapie gut reagiert. Sie wurde gute sechs Wochen nach Beginn der Substitution klinisch deutlich läufig und vor allem hat sich die Leistungsvoraussetzungen und Bereitschaft für jagdliche Arbeit markant verbessert. Sie war nun auch ein glücklicher und vor allem verspielter Hund. Man betrachte vor allem den Schluss der Wachstumsfugen an den Wirbelkörpern. Die Ängstlichkeit hat sich nun auch gelegt. Im vorliegenden Fall sind wie bereits oben erwähnt deutliche andere zusätzliche Symptome vorhanden, nebst der Ängstlichkeit. Somit konnte dieses Symptom kausal zur Schilddrüsenunterfunktion hinzugezählt werden.

Fallbeispiel Aska (Video S. 158):
Röntgen Hüfte und Wirbelsäule mit Pfeilen
sowie Labordaten bei Erstuntersuchung

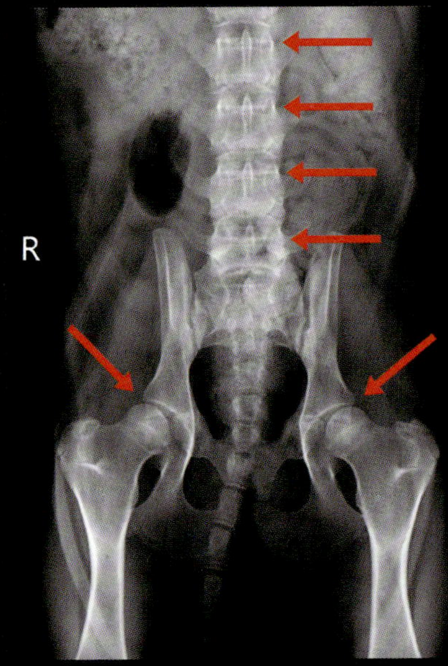

Hüfte gestreckt

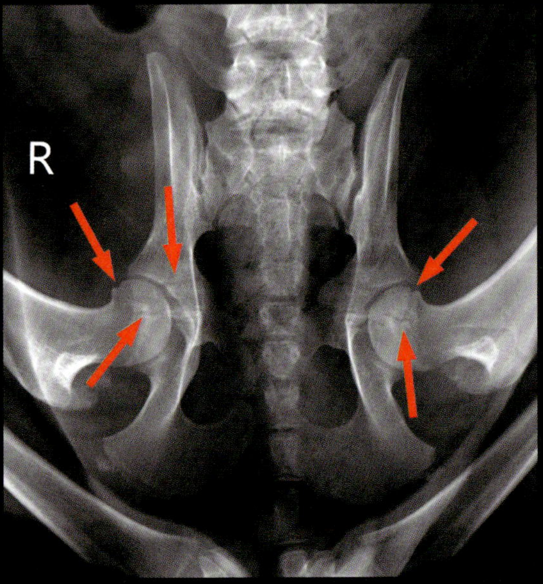

Hüfte gebeugt

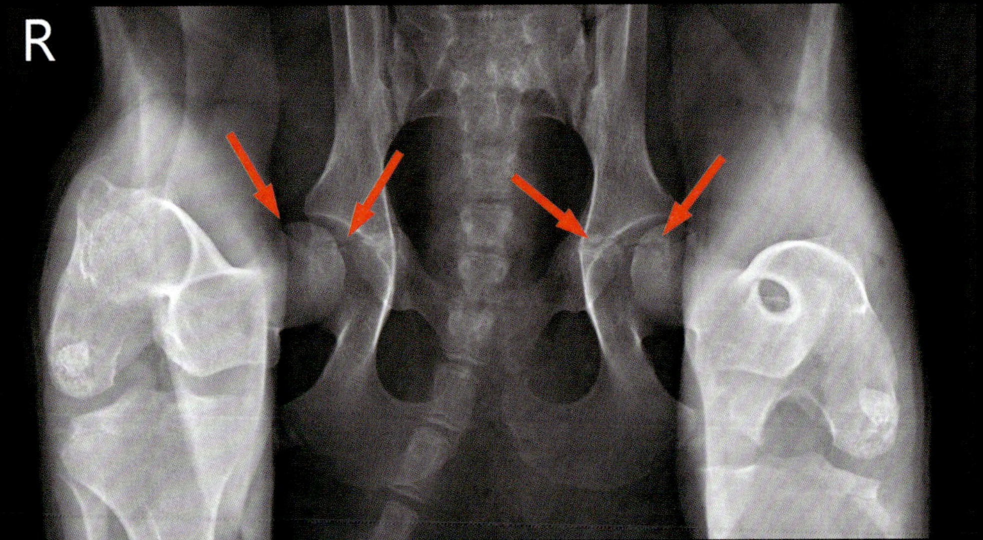

Distraktion

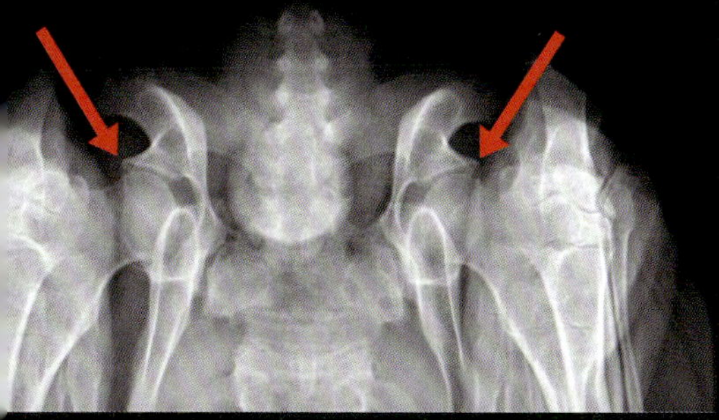

DAR

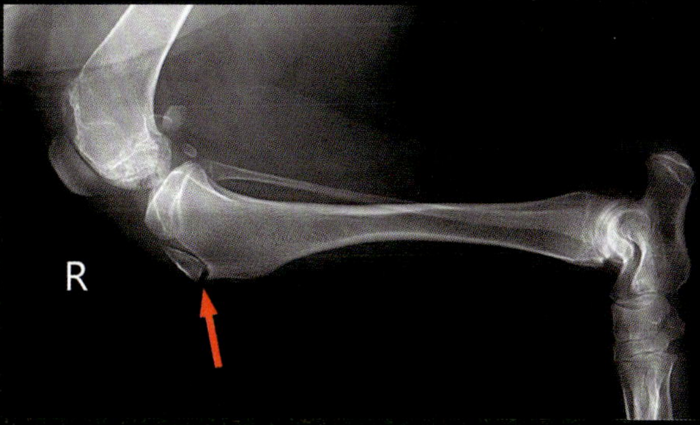

Knie

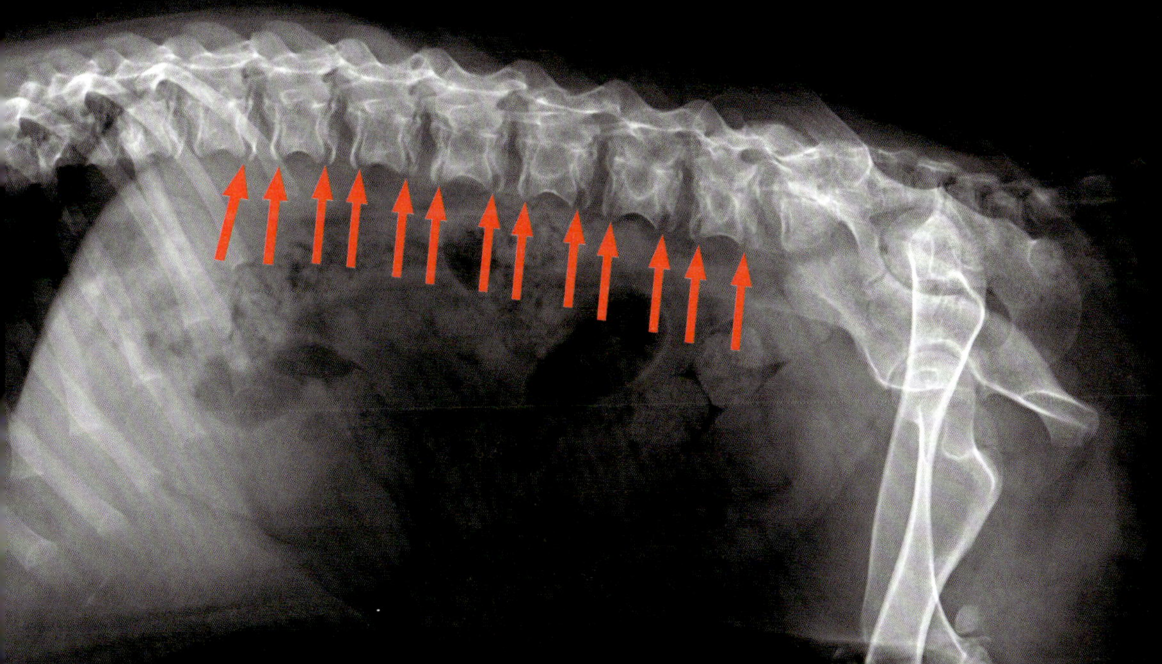

Wirbelsäule

Röntgen der Wirbelsäule 4 Monate später, Labordaten (grün)

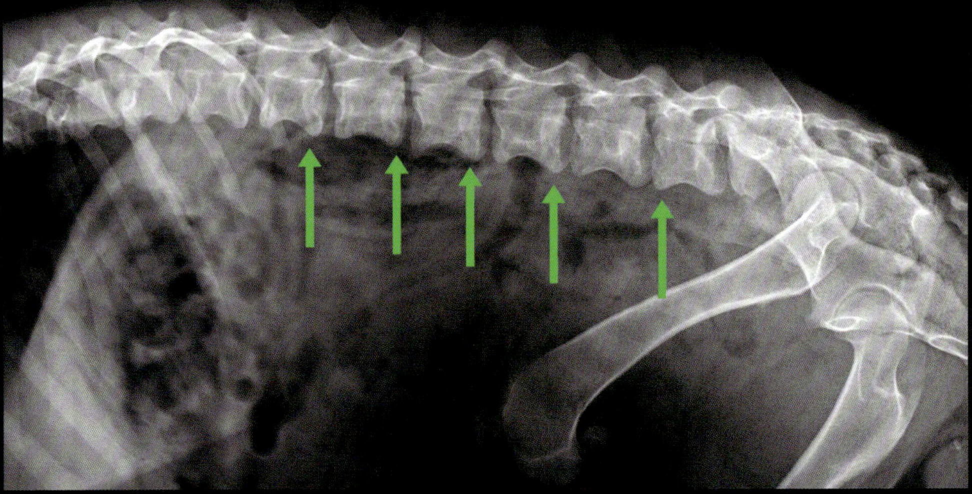

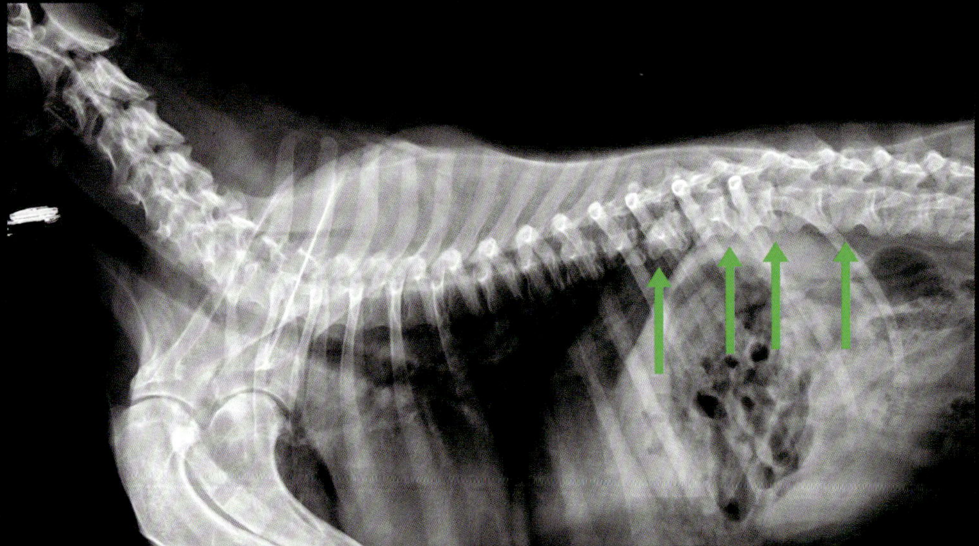

9. Verhalten aus der Sicht des Verhaltenstrainings

Symptomatisches Verhalten

Viele der Verhaltensweisen, die ich in diesem und im Kapitel „Training“ aufliste und beschreibe, ähneln allseits bekannten Stresssymptomen. Das ist nicht mehr als logisch, denn Schmerz ist ein Stressor und in vielen Fällen sogar ein permanenter Begleiter. Viele Hunde haben mehr als genug mit dem zu tun, was ihr Körper ihnen sagt, und werden daher auch ziemlich schnell an oder über ihre Grenzen gebracht, auch von „kleineren“ Reizen, von denen wir nie denken würden, dass sie sie überfordern könnten. Diese Verhaltensweisen, wie auch viele der Satellitverhalten, die ich in einem späteren Kapitel beschreibe, sind störend und belastend für das menschliche Umfeld. Daher erscheinen sie auch als Anlass für eine Unterstützung beim Training. Wie ich bereits in meinem Buch „Neustart für Hunde“ schrieb, wird in meinen Augen viel zu oft und zu viel und manchmal mit den skurrilsten Methoden an solchem Symptomverhalten trainiert: um es zu kanalisieren und nur noch auf Signal auszuführen oder um es wegzutrainieren oder mit einem Alternativverhalten abzufangen. Das kann zweifellos in gewissem Maße und in vielen Fällen funktionieren. Wenn man allerdings nicht an der Ursache für diese Verhaltensweisen etwas verändert, wird man häufig neue Baustellen eröffnen oder sich in gewieft aussehenden Verhaltensketten verstricken.

Symptomatisches Verhalten sehe ich als jeweils individuelle Verhaltensweisen, und in dieser Hinsicht wird jeder Hund sein eigenes Repertoire haben. Es kommt sicherlich auf seine ureigensten Charaktereigenschaften an, auf seine Lebenserfahrungen, auf seine Rassezugehörigkeit(en) und auch darauf, ob das eine oder andere Verhalten ganz besonders viel Verstärkung bekommen hat. Selbstverstärkend sind diese Verhaltensweisen allemal, auch wenn sie nicht vom Hundehalter verstärkt werden, denn der Hund macht es ja, um die Schmerzen besser bewältigen zu können. Symptomatisches Verhalten sind die Zeichen, die uns neben den Äußerlichkeiten schon mal die Existenz von Schmerzen ziemlich stark vermuten lassen können und zumindest die Wahrscheinlichkeit davon einkreisen lassen. Die folgenden Verhalten habe ich deshalb mit einer roten Warnflagge versehen:

Rastloses, schnelles, hektisches Verhalten

Genau dieses Verhalten lässt viele Hundebesitzer das Gegenteil vermuten: der Hund hat zu viel Energie, will laufen, hat Freude an der Bewegung und braucht mehr Auslastung. Solche Hunde werden mit der besten Absicht, aber fatalerweise mit langen Spaziergängen, ja Wanderungen müde gemacht und ausgepowert. Man betreibt gern auch aktives Ballspiel mit ihnen oder lässt sie auf der Hundewiese im Freilauf hundemüde spielen. Die Müdigkeit hält eine kurze Weile an und zu Hause geht dann die

Rastlosigkeit von vorne los. Dieses Verhalten kenne ich sowohl bei sehr jungen Hunden, sogar Welpen bereits, wie bei älteren Hunden. Es ist sehr widersprüchlich, und wenn solche Hunde beim Tierarzt vorgestellt werden, müssen die Besitzer oft hören, dass bei dieser Beweglichkeit kein Schmerz vorhanden sein kann. Ja doch! Sehr wohl sogar. Und hinter der Beweglichkeit steckt sehr häufig sehr viel Kraft. Ihre Menschen am anderen Ende der Leine kommen physisch an ihre Grenzen und fühlen sich auf Dauer verunsichert, denn es kann zu leicht zu einem Unfall kommen. Das Verhalten macht auf uns einen etwas sinnlosen Eindruck und genau das ist, was wir im Auge behalten müssen. Für den Hund wird es einen Sinn machen, und wenn es ist, dass er sich in einen Erregungszustand bringt, bei dem er die Schmerzen verdrängen kann.

Hunde, die viel und schnell laufen, sind nicht unbedingt schmerzfrei.

Distanzsuchendes Verhalten – Berührungsempfindlichkeiten

„Er ist kein Kuschler", ist eine typische Aussage für einen Hund, der keine körperliche Nähe mag, weil er sich nicht sicher ist, ob das gut geht. Sie legen sich nicht unbedingt in einen anderen Raum, wenn wir auf dem Sofa sitzen, sondern sie ertragen die körperliche Nähe auf der Couch nicht gut. Allerdings gibt es Hunde, die dies sehr wohl genießen können, aber nur in den Momenten, an denen wir uns nicht mehr bewegen: wenn wir im Bett liegen und schlafen, wenn wir auf dem Sofa fernsehen oder einschlafen, wenn wir am Schreibtisch arbeiten, einen Zoom Call starten und er seinen Kopf auf einen Fuß legt. Da weiß er aus Erfahrung, dass der Menschenkörper nun für eine Weile ruhig bleibt und traut sich die Körpernähe zu. Hunde, die Schmerzen haben, mögen keine Überraschungen. Daher werden sie in der Regel nicht so tief einschlafen, wenn die Nähe groß ist.

Nach einer kurzen Sitzung Maulkorbtraining zeigte diese Hündin, dass eine Pause angesagt war, indem sie sich auf das Sofa legte und sich einrollte. Ihr Blick spricht Bände.

Ein häufig auftretendes Problem sind ebenfalls generelle Berührungsängste, bei denen der Hund signalisiert, absolut nicht angefasst werden zu wollen. Das macht das Zusammenleben oder Therapieren solcher Hunde mit Sicherheit nicht leichter, denn solch ein Hund will mit Sicherheit dann auch von fremden Personen nicht berührt werden. Das Anziehen von Geschirr und Mantel, das Abtrocknen, das Kämmen und Bürsten und Entfernen von Zecken sind dann oft Probleme, die zum Alltag gehören. Natürlich müssen nicht all diese Sachen zusammen auftreten, es gibt durchaus Hunde, die Berührungen sehr selektiv ertragen können.

Wenn der Hund an der Leine ist, wird man in vielen Fällen feststellen können, dass er (selbst trotz Training) immer die ganze Leinenlänge nutzt, auch das ist Distanzsuche.

Hitzige Beißvorfälle

Beißattacken sind für die meisten Hunde die ultimative Weise, sich Distanz zu einem unerwünschten Reiz zu verschaffen. Wenn der Hund einen anderen Hund, ein anderes Tier oder einen Menschen beißt und der Biss ist blutig oder verursacht einen tiefen und großen Bluterguss, bin ich mir in der Regel sicher, dass Schmerz im Spiel ist. Es ist in meinen Augen eine Abwehrhandlung, die aus einer extrem hohen Erregung kommt, und da wird weniger Kontrolle über die Beißkraft vorhanden sein. Hitzigkeit ist ein gutes Adjektiv für die Beschreibung solcher Vorfälle. Natürlich kann dies auch bei einem Hund in Panik oder bei einer bösen Überraschung passieren und dann haben wir genau das gleiche Stresslevel. Übrigens ist in meinen Augen die rückgerichtete Aggression mit deutlichen Bissschädigungen (Bluterguss, Punktierung der Haut) mit Schmerzen verbunden.

Impulsives Verhalten, keine Selbstkontrolle

Stress und Schmerzen fressen Impulskontrolle und Selbstbeherrschung weg, und zwar viel schneller, als die Oberfläche es zeigt. Auch das kennen wir von uns selbst, wenn es uns nicht gut geht. Hunde, die Schmerzen haben, sind manchmal blitzschnell in der Reaktion und auch nicht wirklich berechenbar. Eine bestimmte Situation kann einige Male gut gehen und dann wiederum mit einem Ausraster oder einer Attacke enden. Das gilt für aggressives, reaktives Verhalten, aber auch für Jagdverhalten, Flucht und Übersprung. Hierzu zählen zum Beispiel: das unkontrollierte Hochspringen am Menschen, in die Leine beißen und damit zerren, sich sehr häufig wälzen, ganz stark an der Leine zerren, blitzschnell durch enge Öffnungen witschen, Treppen hoch oder runter schnell bewältigen und noch einiges mehr. Und auch hier wieder gilt: nicht jeder Hund mit fehlender Impulskontrolle hat Schmerzen, aber es passt im großen Bild.

In die Leine beißen und schütteln ist ein klares Zeichen von Überforderung und für die Hundehalter ebenfalls ein sehr belastendes Verhalten. Diese Bewegungsmuster sind auch nicht gut für Körper und allgemeines Verhalten.

Sie werden auch gern „ungeduldig" genannt, diese Hunde, und werden dann auf endloses Impulskontrollübungen traktiert. Auch wenn manche Impulskontrollübungen sehr viel Spaß bringen können: Nur Impulskontrollübungen bringen den Mangel nicht weg. Im Grunde genommen kann man auch sagen, dass alles Verhalten, das ungefiltert aus dem emotionalen Hirn entstammt: nach vorne gehen, fliehen, einfrieren oder herumkaspern, mit einer Überforderung und mit Stress zu tun hat und man sollte immer die Schmerzen abchecken, wenn vieles davon gezeigt wird.

Repetitive Handlungen

Diese können viele Gesichter haben. Es geht bei diesem Thema darum, dass der Hund sich eine Erleichterung oder eine Ventilierung für sein körperliches Unwohlbefinden sucht und dies immer und immer wieder macht, weil es dadurch wahrscheinlich zu einer Ausschüttung von Glückshormonen kommt. Die Bandbreite ist groß und ich kann hier nur eine Liste mit oft vorkommenden Beispielen aufführen: Etwa eine übermäßig starke Anziehung zum Wasser. Das sind Hunde, die Wasser auf Entfernung riechen und keine Ruhe haben, bis sie ins Wasser springen können, egal wie kalt die Jahreszeit ist. Selbstverständlich neigen Vertreter einiger Rassen eher dazu als andere. Erlerntes Verhalten anbieten: Ballspiel, Dummy suchen, Elemente aus der Unterordnung, kurzum die Aktionen, die auf eine sehr hohe Belohnungshistorie zurückgreifen können und vom Hund förmlich gesucht oder angeboten werden, um einen Verstärker zu bekommen oder sich selbst damit zu verstärken. Holzstückchen suchen und knabbern, Buddeln, Fährten sind noch einige Beispiele. Es kommt sicherlich auf den Umfang, die

Man kann Buddeln ein Hobby nennen, aber wenn es übermäßig und fast immer vorkommt, dann ist es sicher, dass der Hund sich ein Ventil sucht. Neben Training sollte man absolut auch abklären, ob kein Unwohlbefinden im Körper vorhanden ist, das dieses Verhalten antreibt.

Vehemenz und die Häufigkeit dieser Verhaltensweisen an, bevor man sie zum Schmerzindikator deklariert, aber behalten Sie im Auge, wie oft Ihr Hund auf der Suche ist nach einem Verstärker, egal ob er intrinsisch ist oder von Ihnen kommen muss. Wenn Sie feststellen, dass Sie immer wieder etwas wegnehmen oder ihn aus einem Verhalten umorientieren müssen, lohnt es sich nachzuschauen, um welches Verhalten es geht und ob die Häufigkeit und die Stärke sich noch im normalen Bereich befinden. Wenn jetzt beispielsweise das sich wiederholende Verhalten kombiniert wird mit einem ressourcenverteidigenden Verhalten, dann wird in meiner Betrachtung die Wahrscheinlich immer größer, dass dieser Hund ein Problem im Körper hat.

„Stilles" Verhalten

Wenn Hunde nur noch wenig agieren, einfrieren, stillhalten, sich nicht beteiligen, sich abseits aufhalten und am liebsten nur in Ruhe im Bettchen liegen, ist dies natürlich auch kein gutes Zeichen. Morgenmuffel, Gutwetterhunde könnten auch dazu gehören. Wenn der Hund schon länger bei Ihnen lebt, können Sie einschätzen, ob er immer so war. Zieht der Hund erst neu zu Ihnen, achten Sie darauf, wie lange er „eingeschüchtert" bleibt, es kann seine eigene Art und Weise sein, sich mit seinem neuen Umfeld anzufreunden. Ein gesunder, vitaler Hund hat Freude an der Bewegung und ist am Geschehen im Alltag interessiert. Setzt oder legt sich Ihr Hund öfters hin, wenn Sie mit ihm unterwegs sind, dann fällt ihm das Stehenbleiben oder Weitergehen vielleicht schwer. Achten Sie darauf, wann er das am Spaziergang macht. Anfang, Mitte oder Ende? Wie früher im Buch bereits beschrieben: Viele Hunde, die nicht auf Schmerzen gecheckt sind und Verhaltensthemen haben, werden in zu langen Gassirunden ausgepowert. Viele – vielleicht sogar die meisten – machen das Spiel ohne Protest mit. Achten Sie auch bei den Hunden darauf, ob die Strecken nicht angepasst werden müssen. Ein Spaziergang von zwei Stunden scheint nicht

Dieser Hund setzte sich auf dem Spaziergang oft „ohne sichtbaren Grund" hin. Er hatte viele Themen im Bewegungsapparat.

viel, aber damit es dem Hund dabei gutgeht und er daran weiterhin Freude hat, muss er schlicht und ergreifend fit sein. Starten Sie mit 30 – 45 Minuten und viel Pausen. So hat auch der Hund, der Schmerzen hat, mehr vom Spaziergang.

Wenn Ihr Hund sich nie wälzt, gar nie, lohnt es sich auch hinzuschauen, warum das so ist.

Lecken, Kratzen, Beißen, Schütteln

Gerade wenn sich Hunde die Pfoten lecken und beißen, wird häufig keine andere Ursache vermutet als ein Milbenbefall. Eine Therapie dagegen könnte viele Formen haben, aber leider erhält der Hund allzu oft ein Antiparasitikum in der Form einer Tablette. Wenn der Hund sich danach weiter die Pfoten beleckt und beknabbert, war es eindeutig nicht das richtige. So oder so sollte man mit der neuen Form der Antiparasitika nicht leichtfertig umgehen, aber das ist ein anderes Thema. Hunde die sich – vor allem abends oder nachts – die Pfoten lecken oder anknabbern, versuchen häufig ein Gefühl der Taubheit oder ein Kribbeln in den Extremitäten zu lindern. Da wäre es wichtig, die Wirbelsäule auf der dazu angemessenen Höhe zu prüfen. Mein Hutch hat sich tatsächlich eine lange Zeit die Unterseite seiner Vorderpfoten so intensiv beleckt, dass diese am nächsten Tag wund waren und ihm das Gehen wehtat. Er hatte mehrere Bandscheibenvorwölbungen in der Halswirbelsäule, und das war die Ursache für das Taubheitsgefühl in den Vorderläufen. Sobald diese behandelt wurde, war das Thema ausgestanden.

Kratzt oder beißt sich Ihr Hund an anderen Stellen des Körpers, zum Beispiel hinter den Ohren oder an der Schwanzwurzel, kann auch hier ein Schmerzproblem vorliegen. Natürlich hat nicht jeder Hund, der sich kratzt oder beißt, Schmerzen und man sollte einen Befall von Ektoparasiten selbstverständlich überprüfen, aber ebenfalls die Schmerzthematik überprüfen. Kratzt sich Ihr Hund öfters hinter den Ohren und / oder schüttelt er oft den Kopf, kann diese auch entweder von einem Problem in der Halswirbelsäule herrühren oder auf Ohren- oder Kopfschmerzen hinweisen.

Lautäußerungen

Wie wir bereits mehrmals betonten: Hunde sind stille Leider und stecken unheimlich viele Schmerzen weg ohne, dass sie laut aufschreien. Dennoch gibt es einige Lautäußerungen, nach denen ich im Erstgespräch nachfrage: Wenn sich der Hund hinlegt oder sich im Bettchen umlegt, macht er das manchmal mit einem tiefen und sonoren

Ausatmen? Das klingt zwar wohlig und viele Hundehalter interpretieren es, als sei ihr Hund zufrieden und müde. Wenn der Hund dies regelmäßig macht, kann es aber auch ein Zeichen für Schmerzen sein.

Ein leises Wimmern oder vor sich hin Jammern ist kein Ausdruck von „sich vernachlässigt" fühlen oder ein Lechzen nach Aufmerksamkeit, sondern ist, was es ist: ein Wimmern. Irgend etwas stört ihn. Hunde, die schnell reizbar sind und dies immer mit Bellen zum Ausdruck bringen, könnten auch von Schmerzen geplagt sein. Ich habe leider nicht wenige Hunde im Training, die zu den „Dauerbellern" gehören und bei jeder kleinsten Regung oder bei jeder neuen Situation oder Übergang in eine neue Situation (ins Auto, aus dem Auto, in den Garten, durch die Haustür, beim Sehen von Auslösern, egal was …) mit einer Bellsalve reagieren. Das ist für die Hundehalter sehr belastend und wird auch meistens falsch verstanden und interpretiert. Typisch für diese Hunde ist, dass sie kaum ansprechbar sind, während sie einen Bellanfall haben.

Wenn Ihr Hund in Momenten hechelt, an denen Hitze keine Ursache fürs Hecheln sein kann, dann horchen Sie bitte auch genau hin. Ein Schmerzhecheln drinnen ist oftmals recht leise und rhythmisch, aber klingt trocken. Es kann natürlich auch vorkommen, dass das Hecheln lauter ist und mit groß aufgesperrten Augen, angelegten Ohren und / oder Zittern am ganzen Körper einhergeht, dann ist jedoch der Stress groß und es kann sich womöglich um eine akute und heftige Schmerzattacke handeln.

VIDEO

Aymo im Stress

Aymo weiß nicht, wohin mit seiner Frustration und seinem Stress.

Die meisten Hunde haben keine Freude, wenn sie wegen ihrer Reizbarkeit bellen. Sehr häufig entwickelt sich daraus ein Dauerbellen.

Satellitverhalten

Mit Satellitverhalten meine ich Verhaltensthemen, die durchaus an sich und für sich allein ein größeres Problem im Alltag mit dem Hund darstellen können, jedoch in der Regel nicht mit einer Schmerzthematik in Verbindung gebracht werden.

Selbstverständlich möchte ich hier wiederholt betonen, dass es im Umkehrschluss nicht bedeuten sollte, dass jeder Hund, der dieses Verhalten zeigt, von Schmerzen geplagt wird, aber ich habe in meiner langjährigen Erfahrung festgestellt, dass diese Verhaltensthemen häufig im großen Bild begleitend zu den Schmerzen auftreten. Ganz sicher sind es auch hier wieder Verhaltensthemen, die von Stress sprechen. Diese Verhaltensweisen erscheinen entweder auf dem Fragebogen gar nicht oder unter: „Ja, das macht er auch noch oft", manchmal ist es sogar so, dass ich sie als Trainerin während des Trainings erst feststelle, aber dass die Hundehalter sich einigermaßen daran gewöhnt haben, weil es andere und dringendere Themen zu bewältigen gibt. Und wie immer wird dann auch an diesen Verhaltensweisen trainiert, was zum Beispiel beim übertriebenen Jagdinteresse absolut Sinn macht, denn selbst wenn nachher die Schmerzen gelindert, reduziert oder komplett weg sind, werden diese Verhaltensweisen zum Teil konditioniert und verknüpft sein und brauchen beim Training noch Nacharbeit.

Probleme beim Autofahren

Nicht wenige Hunde haben richtig Stress, wenn sie im Auto mitfahren. Sie können sich nicht entspannen, nicht hinlegen oder manchmal noch nichtmal hinsetzen. Manche Hunde speicheln dabei sehr stark, müssen sich übergeben oder Kot absetzen. Andere Hunde jammern oder bellen die ganze Fahrt. Manchmal ist es egal, wo der Hund im Auto mitfährt, das Problem bleibt immer das gleiche. Ich empfehle dennoch, nochmal einiges an Modalitäten im Fahrzeug auszuprobieren. Wichtig ist ein stabiler Untergrund, und für manche Hunde ist eine abschirmende Box auch noch hilfreich, aber es gibt hier keine feste Regel. Ich kann mir vorstellen, dass das Stehen oder Sitzen auf einem weichen Sitz sehr viel ausgleichende Aktivität vom Körper verlangt und wenn da ein Körperteil – Schulter, Rücken, Ellbogen oder Hals - Schwächen oder Blockaden hat, es für den Hund richtiggehend schmerzhaft oder zumindest sehr anstrengend werden kann. Die meisten dieser Hunde sind nach einer längeren Fahrt regelrecht erschöpft vor Anstrengung. Die Frage nach dem Reiseverhalten im PKW ist eine wichtige für mich und wird sehr häufig so beantwortet, dass der betreffende Hund Probleme damit hat. Es ist eben ein Thema, das man nicht so gut mit Training lösen kann. Man kann einiges an Anpassungen anbringen, aber das Problem ist häufig so lange da, bis die Themen im Skelett behoben sind.

Trennungsprobleme und „Klammern“

Auch diese Frage kommt in meinem Fragebogen vor und auch hier wieder kann man nicht nur von einer Trennungsangst auf Schmerzen schließen. Dennoch ist es wichtig, dies zu beobachten, zumal Trennungsstress in jedem Alter entstehen kann, auch wenn der Hund vorher gut allein bleiben konnte. Auch wenn der Hund dauerhaft seinen Menschen im Haus hinterherläuft, sollte man schauen, was es damit auf sich hat. Beide Phänomene haben eben mit einer großen Unsicherheit oder mit Angst zu tun und ebenfalls mit einer inneren Unruhe und fehlendem Vertrauen in der Situation. Selbstverständlich lohnt es sich, in dieser Hinsicht auch an der Entspannung und der Fähigkeit, sich zur Ruhe zu legen, zu arbeiten und zu üben, dass der Hund damit zurechtkommt, wenn sich seine Person von ihm entfernt. Wenn man aber mit diesen Übungen oder Managementmaßnahmen nicht weiterkommt, lohnt es sich, parallel dazu das Schmerzthema abzuklären. Sicherlich werden auch andere bestätigende Indikatoren bereits vorhanden sein.

Geräuschempfindlichkeit oder -ängste

Bei diesem Thema sind wir wieder bei einer Form von Angst oder Ängstlichkeit anbelangt. Schmerzen machen unsicher und Hunde können Geräusche nicht immer genau einsortieren, was zum Gefühl der Verunsicherung beiträgt. Silvester, Gewitter, Vogelschreckknallpatronen und laute Baustellen sind nur einige klassische Beispiele. Aber auch laute und polternde Fahrzeuge oder Anhänger, Mofas oder das Surren von Skateboards sind häufige Auslöser von Geräuschangst. Es ist in meiner Verhaltenspraxis nicht selten, dass die Reizbarkeit durch Lärm mit Kopfschmerzen zusammenhängt.

Ressourcenaggression

Dieses Thema ist durchaus sehr belastend, sowohl im Familienkreis wie auch unterwegs. Ressourcen sind für den Hund alles, was er wichtig findet und auf keinen Fall mit einem anderen Hund oder Menschen teilen möchte. Vorfälle, die aufgrund von ressourcenverteidigendem Verhalten entstehen, sind meistens hitzig und können sehr häufig richtig schädigend sein. Die generelle Belastung und Ermüdung des Hundes führt häufig zu einer Verschärfung dieses Themas. Also auch hier wieder spielen Stresspegel und Häufung von Stressoren eine große Rolle. Ressourcen können viele Formen annehmen: als Klassiker ist es natürlich vornehmlich Futter in allen Darreichungsformen, aber eben auch Spielzeug oder Instrumente (beispielsweise Targetscheiben), die mit einer hohen Belohnungsrate verknüpft sind. So natürlich auch der

Rucksack von Frauchen (der meistens eine Reserve an Belohnungshappen beinhaltet) oder manchmal auch die Leckerchentasche an ihrem Gurt. Manchmal ist es der Bach mit Wasser oder das eigene Auto oder seine Box darin, die der Hund vor Fremden verteidigen wird. Es ist ein sehr angespanntes Verhalten und es führt häufig auch zu viel Anspannung im Umfeld. Manchmal ist es aber auch recht unverständlich und scheint in unseren Agen sinnlos, aber wie wir wissen: der Hund hat immer Recht. Schauen Sie nach dem generellen Stresspegel, denn auch hier wieder handelt es sich um die Suche nach Verstärkern. Es lohnt sich immer, die Frage zu stellen: Warum braucht mein Hund so viele und dauerhaft Verstärker? Und dann sind wir wieder beim „Joint“, bei der Droge, angelangt.

Auch hier wieder muss erwähnt werden, dass nicht jeder Hund, der in irgendeiner Weise irgendwelche Ressourcen verteidigt, Schmerzen hat, aber es kommt wie immer auf das gesamte Bild an. Auch wenn dem Hund die Schmerzen wegtherapiert sind, sollte man unbedingt dieses Thema mit Training in Angriff nehmen.

Übermäßiges Jagdverhalten

Hier muss selbstverständlich erst einmal die Frage gestellt werden: Was ist übermäßig und wie verhält sich dies in Bezug auf die Rasse und die Persönlichkeit des Hundes? In diesem Fall, genauso wie bei allen anderen Verhaltensthemen, stelle ich die Frage: Wie sehr stört es den Alltag, wie sehr belastet es das Mensch-Hund-Team und wie stark schränkt es beide ein? Wenn das Jagdinteresse so ausgeprägt ist, dass der Hund in keiner Weise noch mit seinem Menschen kommunizieren kann, wenn sie im wildreichen Gelände unterwegs sind, und dies immer und grundsätzlich, dann müsste man auf jeden Fall vorerst noch überprüfen, welche Elemente aus der Basiserziehung verstärkt trainiert werden könnten und man sollte nachschauen, wie genau sich das Jagdverhalten gestaltet. Viele dieser Hunde bekommen keinen Freilauf mehr, es sei denn, man nennt das Laufen an einer 20-Meter-Leine Freilauf. Unter Jagdhundehaltern und Liebhabern gewisser Rassen gibt es hier keine Diskussion: Man kann sie nicht von der Leine lassen, es sei denn, sie sind im Jagdeinsatz. Das finde ich immer sehr schade, denn oftmals leidet vor allem das Aufmerksamkeitstraining unter der Schleppleine und ein Dialog kommt unterwegs gar nicht zustande – von Seiten des Hundes schon mal gar nicht. An beiden Enden der Leine besteht die Gewissheit, dass derjenige am anderen Ende nicht wegkann. Warum da noch Training investieren? Das Jagdverhalten geht allerdings nicht weg, es kann nicht ausgelöscht werden, nur weil der Hund es nicht ausüben kann.

Eden jagt. Je höher der Stresslevel, desto mehr wird nach selbstbelohnendem Verhalten gesucht.

Also wird man sehen, dass manche Hunde eben ihr Jagdverhalten in einem immer kleiner werdenden Radius, nämlich dem von der Leinenlänge, ausleben: Scannen, Buddeln und Schnüffeln gehen auch an der Leine und auch diese Jagdsequenzen sind selbstverstärkend. Ich denke, ich bin nicht alleine mit der Meinung, dass man trainingstechnisch zweigleisig vorgehen sollte: Zum einen das aufmerksame und responsive Verhalten aufbauen und vertiefen und zum anderen jagdähnliche Aktivitäten im sicheren Raum anbieten, sodass die jagdlichen Bedürfnisse in gewissem Maße und mit Freude befriedigt werden können. Allerdings habe ich festgestellt, dass manche Hunde einfach keinen Dialog aufrechterhalten können, auch wenn nicht unbedingt ein jagdlicher Auslöser feststellbar ist. Es wird zur Gewohnheit – eventuell zusätzlich verknüpft mit der Strecke oder einfach nur mit dem Gassigehen. Wenn das Jagen auf engstem Raum so obsessiv und fast zwecklos geworden ist und man mit Jagdersatztraining nicht wirklich weiterkommt, dann ist es höchste Zeit, zu checken, ob das ausgeprägte Jagdverhalten nicht als Ventil für Schmerzzustände dienen soll. Auch ist es diesem Fall wirklich wichtig, begleitend zur Schmerztherapie einen guten Trainingsplan durchzuführen, denn diese Verhaltensweisen sind in vielen Fällen nicht neu, basieren auf vielen Ausschüttungen von Glückshormonen und werden nicht von allein verschwinden, sobald der Schmerzstressor nachlässt.

Das übertriebene Jagdverhalten taucht im Übrigen auffällig oft in meiner Erfahrungspraxis im Duo mit der Leinenreaktivität auf. Zur Erinnerung: Nicht jeder Hund mit Jagdinteressen hat Schmerzen. Mit Sicherheit nicht. Aber schauen Sie sich das komplette Bild des Hundes an und schauen, wie obsessiv das Jagdverhalten vorhanden ist.

Übermäßiges Sexualverhalten bei Rüden

Wenn man überlegt, dass Hunde für sich selbst ein Ventil suchen, das Stresshormone kompensieren kann oder sich Aktivitäten widmen, die Glückshormone ausschütten – als Gegenmittel gegen Stresshormone – dann könnte dies auch in bestimmten Fällen eine Erklärung dafür sein, dass manche Hunde als Ventil für Schmerzstress ein übermäßiges Sexualverhalten zeigen. Ich rede nicht von Rüden, die draußen etwas mehr herumschnüffeln und markieren, weil gerade heute morgen auf ihrer Gassistrecke eine gut duftende Hündin unterwegs war, sondern vielmehr von solchen, die kaum schlafen oder ruhen können, ständig nach draußen wollen und dies auch laut zum Ausdruck bringen, wenn in der Nachbarschaft eine Hündin läufig ist. Ich rede über Rüden, die das Futter stehen lassen, weil ihr Stresspegel mehrere Tage lang zu hoch ist und die in keiner Weise noch ansprechbar sind oder kooperieren wollen. Diese Rüden können auch insgesamt reizbarer werden und ihr bereits kompliziertes Verhalten noch auf die Spitze treiben. Es geschieht sehr häufig, dass solche Rüden als erste Handlung in der Verhaltenstherapie kastriert werden. Dadurch wird selbstverständlich ihr sexuelles Interesse reduziert oder komplett ausradiert und der Hundehalter kann erst mal aufatmen. Das ist in individuellen Fällen sicherlich erst einmal legitim und auch zielführend, denn man darf die Familienkonstellation um den Hund herum nicht aus dem Auge verlieren. Dennoch wird sich in den meisten Fällen eine neue Baustelle manifestieren, denn der Stress muss irgendwohin kanalisiert werden. Mit anderen Worten: auch ein auffällig starkes sexuelles Verhalten kann ein Symptomverhalten sein, das das Puzzle vervollständigt.

Die „kleineren Zeichen"

In diese Kategorie kommt alles Mögliche an eigenartigen und für den Hund typischen Verhaltensweisen, die man nicht direkt einordnen kann. Sie werden gern auch als „Macken" abgestempelt und in diesem Fall sind die Verhaltensweisen häufig repetitiv und ausgeprägt.

- Immer einem gleichen Pfad im Garten hoch und runter laufen
- Klauen von Objekten, z. B. Bekleidung, und jenachdem mit Zerstörung davon
- Anschleppen von Objekten oder Pflanzen aus dem Garten
- Phobien, die sich entwickeln: z. B. gegen das Summen eines Insektes im Raum
- Wenn der Hund zum Beispiel sehr stark immer wieder den Kopf irgendwo reindrückt: in die Sofakissen, in seinen Menschen, an die Wand, auf dem Boden
- Wenn er dauerhaft wälzt oder sich kratzt, beißt oder leckt oder wälzt
- Vorlieben: Holz knabbern, Socken klauen und fressen
- Schatten oder Lichter (z. B. Autolichter im Dunkeln) jagen

Zum Wälzen würde ich gern noch hinzufügen, dass es selbstverständlich an erster Stelle eine Handlung mit körperlicher Auswirkung hat. Es kann dazu dienen, durch den massierenden Effekt Verspannungen zu lösen oder Taubheitsgefühle zu lindern. Es gibt Hunde, die sich nicht nur im herrlich frisch duftenden Gras wälzen (was ich weniger auffällig finde), sondern mit Vorliebe auf härteren Böden, ja auch auf grobem Schotter. Bei diesen Hunden werden Sie ein häufigeres Wälzen feststellen, und zwar immer, wenn es einen Anlass gibt, Verspannungen zu lösen, zum Beispiel in oder nach anstrengenden Situationen.

Ebenfalls gibt es Hunde, die sich gar nie wälzen. Auch dies ist nicht normal und in einem mir bekannten Fall hat sich herausgestellt, dass der Hund gravierende Probleme an mehreren Wirbeln hatte.

Selbstverständlich kann man auch hier wieder sagen, dass diese Auflistung aus normalen bekannten Stressverhalten besteht, dennoch lohnt es sich, das größere Bild im Auge zu behalten. Bevor Sie Zeit in das Training von diesen „Macken" stecken, sollten Sie zunächst nachschauen, wie bei Ihrem Hund das große Bild aussieht.

In meiner Erfahrung sind Handlungen, die irgendwie besessen, sinnlos, kopflos oder zwanghaft aussehen oder immer wieder wiederholt werden, mögliche Indikatoren für Stress oder Schmerzen. Ob es tatsächlich Schmerzen sind, sollte man dann in der Kombination mit eventuellen anderen Anzeichen betrachten. Zögern Sie nicht und lassen Sie Ihren Hund auf mögliche Schmerzquellen untersuchen.

10. Die multimodale Schmerztherapie beim Hund

Prophylaxe und Therapie beim Welpen – Je früher, desto besser

Die beste Therapie eines Schmerzpatienten in Zusammenhang mit seinem Verhalten beginnt bereits im Welpenalter. Das Thema der Prophylaxe beim Welpen mag einzelnen Lesern schon in Verbindung mit dem LupoMove® Puppy-Prophylaxe System bekannt sein. Heutzutage werden die Welpen bereits in der achten oder neunten Woche beim Züchter abgeholt. Man beobachtet, dass sich die Welpen vor allem ab der vierten Woche etwas von ihrer Mutter distanzieren und damit beginnen, ein wenig zu strampeln. Sie werden zugefüttert, ihre Augen sind geöffnet und sie fangen damit an, ihre Umwelt zu erkunden. Hierbei ist wichtig zu bedenken, dass bislang nur der hintere Teil des Hüftgelenkes verknöchert ist, der obere und vordere Teil hingegen noch knorpelig. Neben dem zusätzlichen Umstand der noch offenen Wachstumsfugen und des nur teilweise verknöcherten Beckens ist es nicht weiter verwunderlich, dass beim Herumstampfen und Klettern Verkippungen bzw. Asymmetrien sowohl im Becken als auch in der ganzen Beckengliedmaße entstehen.

Eine vergleichbare Situation ist ebenfalls im Schultergürtelbereich zu beobachten. Ein weiterer Punkt, den es zu beachten gilt, stellt die effektive Unreife des Hirns, insbesondere des Kleinhirns dar, das mitunter für die Koordination und Steuerung der Bewegung verantwortlich ist. Die Welpen sind während dieses Entwicklungsstadiums noch sehr ungelenk auf den Beinen, unkoordiniert und fallen oft hin. Deshalb können zu diesem Zeitpunkt die ersten Fehlstellungen im Schulter-, Beckengürtel oder in der Wirbelsäule entstehen und es kommt zu einer Veränderung der Statik und Dynamik. Ferner werden hier auch die Grundlagen eines Passgangs gelegt. Dieser Umstand besitzt keinerlei Verbindung zum Wolf, sondern hängt mit der Biomechanik zusammen und steht ergo mit der Art und Weise der Bewegung der Gelenke oder Gelenksabschnitte sowie der Steuerung zwischen Hirn, Wirbelsäule und den Gelenken in Zusammenhang. Die hierfür verwendete Bezeichnung lautet Neuro-Biomechatronik. Somit kann festgehalten werden, dass in diesem Zeitraum unter den beschriebenen Umständen für den Welpen nicht nur die Bedingungen geschaffen werden, einen Passgang zu entwickeln, sondern auch für das Auftreten diverser Junghundeerkrankungen wie der Hüftgelenksdysplasie, Ellenbogengelenksdysplasie, OCD oder der Panostitis. In diesem Kontext ermöglicht es die Prophylaxe innerhalb des LupoMove® Puppy-Programms, Schmerzen oder auch biomechanische Veränderungen zu verhindern. Auf der anderen Seite ist es wichtig zu realisieren, dass sich diese Gesamtsituation zusätzlich auf das Betragen des jungen Tieres auswirken kann, da Entzündungsschmerzen und Fehlhaltungen sich in normabweichenden Verhaltensmustern äußern. Umso notwendiger ist es, sich einer optimalen Prävention potenzieller Krankheiten zu widmen und sich etwa mit den aus dem

LupoMove® Puppy-Programm bekannten Gesetzmäßigkeiten, der Arndt-Schulz-Regel im Zusammenhang mit der Forderung und Überforderung sowie den Anpassungsmöglichkeit in der Orthopädie auseinander zu setzen. Die Arndt-Schulz-Regel bezieht sich auf den Umstand, dass generell die Bewegung den Aufbau fördert, aber es wichtig ist, nicht zu überfordern.

Dies bedeutet, dass nicht nur die Bewegung an sich von Bedeutung ist, sondern auch die Art und Weise der Bewegung eine große Rolle spielt.

Gerade Junghundeerkrankungen folgen in ihrer Entwicklung nicht der Mendelschen Genetik, sondern sind epigenetisch in ihrem Verlauf. Das heißt, dass für Erkrankungen wie die Hüft- und Ellenbogendysplasie mehrere Haupt-Gene und Neben-Gene existieren, die durch Umwelteinflüsse exprimiert werden. Zu diesen externen Faktoren zählen unter anderem die Bewegung, die Ernährungsintensität und das Gewicht. Dieser Sachverhalt lässt sich auch den Ergebnissen der Welpen-Studie entnehmen, die wir von 2019 bis 2022 durchgeführt haben. Als ein wichtiger Faktor lassen sich dabei der BMI (Body Mass Index) und dazu die Widerristhöhe – also die Größe des Hundes – herausstellen, aber auch das Gewicht innerhalb einer Rasse wie beispielsweise des Australian Shepherds. Wenn also das Gewicht etwas höher ausfällt als erwartet bzw. wenn es für das Alter und die jeweilige Rasse außerhalb der Norm liegt, besteht eine höhere Wahrscheinlichkeit für das Auftreten einer Hüftgelenksdysplasie. Ob das Verhältnis von Größe und Gewicht tatsächlich eine Normabweichung indiziert, lässt sich über den von mir entwickelten Energieintensitätskoeffizienten (EIK) ermitteln. In einem solchen Fall stellt das LupoMove® Puppy-Programm eine Möglichkeit dar, dem Welpen eine optimale Prophylaxe zu bieten und damit die Grundlage dafür zu schaffen, Schmerzen und Verhaltensstörungen vorzubeugen oder die Schmerz-Verhalten-Spirale zu durchbrechen.

LupoMove® Puppy

Das LupoMove Puppy Programm ist ein Präventions-Programm gegen Junghunderkrankungen wie HD, ED, OCD (Knorpelerkrankung) sowie Panostitis (Knochenhautentzündung). Diese Erkrankungen haben einen epigenetischen Hintergrund. Dies bedeutet, wir haben zwar eine genetische Voraussetzung, aber die Umwelteinflüsse wie Bewegung, Art und Weise der Bewegung, Ernährung und Intensität der Ernährung bedingen maßgeblich die Entwicklung dieser Krankheiten. Innerhalb dieser Untersuchung wird der Hund orthopädisch untersucht, kinematisch ausgemessen, die Befunde der Form-Funktions-Veränderungen, die veränderte Biomechanik in Schulter- und Beckengürtel und Wirbelsäule werden orthopädisch manuell behandelt und korrigiert, die Behandlung wird im Anschluss kinematisch ebenfalls kontrolliert und vor allem wird ein individueller Trainings- und Bewegungsplan für den Welpen erstellt und abgegeben. Diese Untersuchung sollte im Zeitraum zwischen der 12 und 18. Lebenswoche erfolgen. Zu diesem Thema mit allen wichtigen Informationen wurde bereits von mir ein Buch verfasst.
Unter folgendem Link finden Sie mehr Informationen:
https://hunde-bewegungszentrum.ch/index.php/de

Frühdiagnostik Hüftgelenksdysplasie beim Welpen und Junghund

An dieser Stelle soll ein spezieller Fall aus meiner Praxis vorgestellt werden, der nun auch auf unseren Social-Media-Kanälen präsentiert wird:

Fallgeschichte Frieda

VIDEO

Fall Frieda

Diese ist eine aus Rumänien stammende Hündin aus dem Tierschutz. Sie wurde in der zwanzigsten Woche aufgrund eines Hinkens in der Hinterhand sowie ihres auffälligen Gangbilds in meine Praxis gebracht. Sie läuft versetzt, in einer Außenstellung und zeigt einen deutlich instabilen Gang in der Hinterhand; zugleich lässt sie eine kreisförmige Bewegung in der rechten sowie in der linken Beckengliedmaße erkennen und wirkt, als würde sie unter einem „Restless Legs“-Syndrom leiden, also einer Überbeweglichkeit in den Gliedmaßen. Dabei fällt zumeist auf, dass die Hunde in diesem Fall in der Hinterhand sehr eng laufen, das heißt, sich die Sprunggelenke unten stark annähern, die Knie eine O-Beinstellung einnehmen und die Beweglichkeit exzessiv erscheint. Je nach Alter gehören Aufstehbeschwerden, Schmerzen, Hinken und Mühe beim Treppensteigen sowie schnelles Abliegen und widerwilliges Stehenbleiben zu den am häufigsten zu beobachtenden Symptomen. Das Gangbild lässt sich für eine bessere Illustration über den obenstehenden QR-Code visualisieren. Bei Frieda ist von Anfang an ersichtlich, dass diese prophylaktische Therapie der Juvenilen Pubischen Symphysiodese nur eine Zwischentherapie bis zu dem Zeitpunkt darstellt, wenn die Hündin so weit ausgewachsen ist, dass man zwei künstliche Hüftgelenke implementieren kann. Grundsätzlich gibt es aber die Option, im Fall einer Bewegungsanomalie beim Laufen einen spezialisierten Tierarzt aufzusuchen, der eine orthopädische Untersuchung durchführt und den Hundepatienten kurz sediert; ferner werden vier verschiedene Röntgenauswertungen vorgenommen, wobei dies in meiner Praxis in einer gestreckten sowie gebeugten Stellung – auch „Frosch-Stellung“ genannt – des Hundes erfolgt. Anschließend kommt die sogenannte Distraktionstechnik zum Einsatz, in deren Verlauf die Lockerheit der Hüfte getestet wird. Ergänzend kann die Verwendung der DAR-Technik (Dorsale Acetabulum Rand) vielversprechende Ergebnisse liefern, die dabei hilft, das Hüftgelenk bzw. das Dach des Hüftgelenkes abzubilden. Mit diesen vier Projektionen lassen sich sowohl die Funktionalität des Hüftgelenkes als auch je nach Befund und Schweregrad die strukturellen Veränderungen definieren. Wenn die Distraktionstechnik offenbart, dass die Lockerheit des Hüftgelenkes zwischen den Werten 0,3 und 0,4 liegt, so handelt es sich um ein vermehrt leichtgradig lockeres Hüftgelenk. Eine Zahl zwischen 0,4 und 0,5 spricht für ein mittelgradig lockeres Hüftgelenk, während alles, was über 0,5 fällt, als deutlich zu locker gewertet werden kann. Dieser Umstand spricht auch für das Risiko der Entstehung einer Hüftgelenksarthrose. Bei der Juvenilen Pubischen Symphysiodese wird die Wachstumsfuge des Schambeines mit der Laserchirurgie behandelt, wodurch ebendiese Wachstumsfuge viel schneller verknöchert. Der Welpe wächst weiter und es kommt vor, dass es zu einer provozierten Überdachung kommt, um so die Festigkeit des Hüftgelenkes zu steigern. Diese Technik wird vor allem als prophylaktische

Technik betrachtet und ist bei denjenigen Hunden in Gebrauch, die – wie etwa der Golden und Labrador Retriever, der Deutsche Schäferhund oder Rottweiler – zu der Entwicklung einer Hüftgelenksdysplasie neigen. Dadurch ist es möglich, dem Hund ein besseres Aufwachsen zu bieten und eine Schmerzverringerung zu erwirken, wenn dieser bereits Hinken, Lahmheiten oder Aufstehbeschwerden gezeigt hat. Mit dem geschilderten Prozedere lässt sich diese Symptomatologie vermindern. Aufgrund einer derartigen Spezialisierung wird in unserer Praxis die strukturelle, bildgebende Diagnostik mit der funktionellen Diagnostik unterstützt. Dies trägt dazu bei aufzudecken, wie diese Hüftgelenksdysplasie beim Welpen schon in der sechzehnten oder siebzehnten Lebenswoche Auswirkungen auf die Stand- und Schwungphase, die Streckung und Biegung, die mechanischen Symmetrien oder auf die Winkel haben kann. Dadurch erhält die strukturelle Diagnostik eine Ergänzung durch die funktionelle Diagnostik. Wenn also Hunde, die bereits in den ersten paar Wochen des Zusammenlebens mit ihren Besitzern – konkret zwischen sechzehn und zwanzig Wochen – ein auffälliges Gangbild zeigen, sollte eine funktionelle Untersuchung über die Kinematik stattfinden. Aber auch die Radiologie sowie die therapeutischen prophylaktischen Maßnahmen sollten je nach Situation zur Verbesserung der Funktionalität sowie Minimierung des Risikos einer Schmerzpathologie Anwendung finden.

Prophylaxe und Therapie beim wachsenden Hund

Im breiteren Kontext der Prophylaxe – insbesondere bei Schmerzpatienten und deren leidensbedingtem Verhalten – wurde im vorherigen Abschnitt das Thema des Welpen-Aufbaus über das LupoMove® Puppy-Programm behandelt. In Ergänzung hierzu gilt es zu beachten, dass das Wachstum des Hundes nicht mit der vierundzwanzigsten Woche seinen Abschluss nimmt, sondern auch danach noch weiterläuft. Ab dem sechsten Monat kann deshalb beobachtet werden, dass Hunde generell aktiver werden; sie zeigen mehr physische Belastbarkeit, nehmen weiter an Erkundungsfreude zu und demonstrieren einen erhöhten Bewegungsdrang. Auch die Hundehalter scheinen zu diesem Zeitpunkt oft den allmählichen Austritt aus der Babyphase ihrer Hunde mit Enthusiasmus zu begrüßen, da sie nun die Möglichkeit haben, etwas mehr Aktivität mit ihren jungen Freunden genießen zu können. Dennoch fehlt es diesen Hunden im sechsten bis zum achten Monat teilweise noch immer an Stabilität. Dabei muss berücksichtigt werden, dass in der Phase vom sechsten bis zum siebten Monat in diesen vier bis sechs Wochen das größte Höhenwachstum sowie auch eine hohe

Gewichtszunahme erfolgt. Daher erstaunt es nicht, dass der Zeitabschnitt zwischen dem sechsten und siebten Monat eine relativ starke Prägung durch beginnende Pathologien aufweist. So kann sich bei großen Hunden beispielsweise eine Ellenbogendysplasie manifestieren. Während die Hüftgelenke sich bereits zum Teil stabilisiert haben oder noch Probleme erkennen lassen, kann der fortschreitende Wachstumsprozess in Verbindung mit der übermäßigen Aufnahme von Energie das Auftreten einer Panostitis begünstigen. Ebenso besteht für den betroffenen Hund das Risiko, die Knorpelerkrankung OCD (Osteochondrosis) zu entwickeln. Es lässt sich also konstatieren, dass all diese Krankheiten gerade in diesem Zeitraum in Erscheinung treten können. Ferner ist zu berücksichtigen, dass insbesondere bei kleineren Hunden die springende Kniescheibe, also die habituelle Patella, sich ebenfalls in dem genannten Zeitabschnitt bemerkbar macht. Zudem gibt es auch Hunde, welche die Symptome der habituellen Patella in Form von Hüpfern zeigen, dabei jedoch eine stabile Patella besitzen. Dies hängt mit der veränderten Biomechanik im Becken sowie der unterschiedlichen Länge der Gliedmaßen zwischen der rechten und linken Beckengliedmaße zusammen. In diesem Fall erweisen sich die Betroffenen als relativ zu lang oder zu kurz. Eine zusammenfassende Betrachtung aller angeführten Faktoren führt zu der Schlussfolgerung, dass zwar eine vermehrte Bewegung absolut erforderlich ist, die Steigerung der Bewegung dabei jedoch den qualitativen Grundsätzen entsprechen muss. Andererseits müssen die verschiedenen Gesetzmäßigkeiten wie die Arndt-Schulz-Regel (s. S. 181) oder auch die Anpassungsfähigkeit in der Orthopädie Beachtung finden. Nur so kann die vermehrte Bewegung während des Wachstums zum einen die Knochenstärke, zum anderen die Ausbildung und Stärke der Bänder und Muskeln unterstützen. Somit ist es wichtig, dem Bewegungsdrang des jungen Hundes positiv zu begegnen, dabei aber auch im Hinterkopf zu behalten, dass diese Entwicklungsphase Risiken birgt. Vor allem im Hinblick auf die Wachstumsfuge im Knie ist ein gewisses Maß an Achtsamkeit empfehlenswert, da diese als letzte geschlossen wird und dieser Prozess je nach Rasse und Größe erst zwischen dem neunten und elften Monat zum Abschluss kommt. Je größer der Hund ist, desto später schließt sich die Kniescheibenfuge. Wie bereits erwähnt, ist gerade die Qualität der Bewegung ausschlaggebend, weshalb das Herumtoben des Hundes vermieden werden sollte.

Jetzt betrachten Sie einmal das Durcheinander in einer typischen Welpenspielgruppe. Filmen Sie es am besten und schauen Sie es abends in Ruhe und ohne Ton an. Sie werden feststellen, dass so auf jeden Fall Welpenerziehung nicht aussehen kann und in diesem Kapitel verstehen Sie nun auch, welche Gefahren dies für das Knochensystem Ihres Hundebabys haben kann.

Um also dramatischen Traumata und ihrer Konsequenz einer physischen Dysbalance, bzw. einer veränderten Statik und Dynamik vorzubeugen, ist es notwendig, während der Aufzucht eines Welpen alle erläuterten Punkte zu beherzigen. Gleichzeitig muss jedoch auch differenziert vorgegangen bzw. die Frage geklärt werden, wie es sich mit der Bewegungsbereitschafts und der Bewegungsfähigkeit verhält. Hierbei geht es darum, die Bewegung bzw. den Bewegungsdrang zu kanalisieren, zwischen der zumeist sehr großen Bereitschaft und der nötigen Fähigkeit oder Zulassung der Bewegung zu unterscheiden und dabei ein gesundes Maß Menschenverstand walten zu lassen. Des weiteren muss eine Differenzierung zwischen einem Familienhund, einem Sport- oder einem Arbeitshund erfolgen, denn dabei kommen jeweils andere Definitionen zum Tragen. Das bedeutet, dass im Hinblick auf den Trainingsaufbau zwischen der Trainingsbereitschaft und der Trainingsfähigkeit zu unterscheiden ist. So sollten beispielsweise vor allem bei einem Sport- und Arbeitshund die Trainings verhältnismäßig früh begonnen werden. Dabei sollte bei der Gestaltung der Trainings unbedingt darauf geachtet werden, dass die Trainingssessions selbst kurz, aber repetitiv verlaufen und nicht etwa einmal pro Woche stattfinden. Der Hund muss täglich kurzen und intensiven Stimulationen ausgesetzt sein. Allerdings ist es wichtig, die Intensität der Trainings im Rahmen zu halten, um keine Überforderung des Hundes zu riskieren.

Neben dem somatischen Aufbau, bzw. der Berücksichtigung des Skelettsystems erweist sich auch der psychosoziale Anteil als überaus wichtig. Die Sozialisierung sowie Prägung des Hundes sind also von fundamentaler Bedeutung. Dies gilt sowohl für die Hund-Mensch-Beziehung als auch die Hund-Mensch-Mensch- und die Hund-Mensch-Hunde-Beziehung. Der Hund muss sich in sein Rudel einordnen können die Sprache seiner Kameraden lernen. Dieser Lernprozess sollte zwischen dem sechsten und elften Monat erfolgen und eine ausgewogene Mischung aus Bewegungstraining und Sozialisierung, Prägung und Konditionierung beinhalten. Werden alle vorgestellten Aspekte berücksichtigt, sollte der Aufbau des Welpen dazu beitragen können, das Auftreten von Schmerzen und Verhaltensanomalien zu verhindern.

VIDEO

Fall Siena

Ernährungskontrolle – der Zusammenhang zwischen Gewicht und HD

Wie allgemein bekannt ist, besteht zwischen der Größe und dem Gewicht des Hundes ein direkter Zusammenhang mit der Hüftgelenksdysplasie. Auch lässt sich hierbei die Rassenzugehörigkeit mit einbeziehen. Eine große Ausnahme bildet diesbezüglich allerdings die Englische Bulldogge, die zwar als schwerer Hund mit 66% auf der

Wahrscheinlichkeitsskala der Erkrankung an Hüftgelenksdysplasie weit oben steht, dabei jedoch eine kleine Körpergröße besitzt. An dieser Stelle kann aber einerseits auf eine Korrelation aus unserer Welpenstudie (s. S. 101) hinsichtlich der Größe, also der Widerristhöhe des Hundes im Zusammenhang mit der Hüftgelenksdysplasie verwiesen werden: je größer dieser Koeffizient ist, je größer die Widerristhöhe ausfällt, desto größer ist auch das Risiko für das Vorkommen einer Hüftgelenksdysplasie. Auf der anderen Seite lässt sich feststellen, dass zusätzlich auch das Gewicht des Hundes mit dem Auftreten einer Hüftgelenksdysplasie korreliert. Je schwerer also ein Hund ist, desto höher ist die Wahrscheinlichkeit, eine Hüftgelenksdysplasie zu entwickeln. Ist die Wachstumsgeschwindigkeit im Zusammenhang mit dem Gewicht groß, ist auch die Wahrscheinlichkeit größer für eine HD und die genetische Voraussetzungen kommen somit im Zusammenhang mit diesen Umweltfaktoren voll zu tragen. Diese Fakten lassen sich jedoch durch eine zusätzliche, wichtige Erkenntnis erweitern, die im Folgenden am Beispiel des Australian Shepherd, der in unsere Studie integriert wurde, aufgezeigt werden soll: wenn dieser innerhalb seiner Wachstumsphase ein zu hohes Gewicht zeigt, also der Energieintensitätskoeffizient zu hoch ausfällt, so erweist sich das Risiko für eine Hüftgelenksdysplasie als entsprechend hoch.

Wie aber ist das genau zu verstehen? Insbesondere beim Welpen oder Junghund im vierten bis fünften Lebensmonat sind die Gliedmaßen zum Teil knöchern, zum Teil stellt die Wachstumsfuge aber noch eine große Zone von Knorpeln dar. Das Wachstum selbst ähnelt einem Mauerbau, das als appositionelles Wachstum (durch Anlagerung neuer Gewebeschichten an eine äußere Grenzfläche) bezeichnet wird. Wenn nun der Hund übermäßig gefüttert wird und sich die Gewichtszunahme für die Entwicklung des Hundes als zu groß erweist, ist auch das Körpergewicht für das Skelettsystem zu groß. Daraus ergibt sich eine erkennbare Instabilität in der Bewegung, ein wackeliger, „watscheliger“ Gang, während der Druck auf die Wachstumsfugen oder auf die Gelenke ebenfalls zu hoch ist. Für die Hüftgelenke bedeutet dies beispielsweise, dass die Überdachung durch den sich verändernden Druck vom Oberschenkel in die Hüftgelenkspfanne eine Reduktion erfährt. Es kann also festgehalten werden, dass mit einer übermäßigen Gewichtszunahme oder Gewichtskurve auch diejenigen Rassen plötzlich mit höherer Wahrscheinlichkeit an einer Hüftgelenksdysplasie erkranken, die a priori nicht unbedingt dafür prädestiniert sind. Dadurch ändert sich ebenfalls die Biomechanik und es treten somit die Form-Funktions-Veränderungen auf. (Siehe Grafik S. 96)

Somit gilt es, die Gewichtssituation nicht zu unterschätzen und sich an die veterinärmedizinischen bzw. ernährungswissenschaftlichen Empfehlungen zu halten – also etwa daran, dem Hund das Welpenfutter nur bis zur sechzehnten Woche zu verabreichen.

Regelmäßige Kontrolle von Skelettsystem und Ernährung beim Spezialisten für Orthopädie

Im vorherigen Kapitel wurde bereits der Aufbau des wachsenden Hundes mithilfe von dosierter Bewegung im Trainingsaufbau erörtert. Im Folgenden soll ergänzend auf die Bedeutung des kontrollierten Wachstums eingegangen werden, das in unmittelbarem Zusammenhang mit der Prophylaxe der Osteoarthrose steht und darauf abzielt, eine übermäßige Belastung des Skelettsystems frühzeitig zu verhindern. Grundsätzlich ist die Arthrose per definitionem die Folge einer Fehl- und Überlastungshaltung, weshalb es naheliegt, in diesem Kontext immer das Thema der Statik und Dynamik miteinzubeziehen. Es sei nun wiederholt an die Form-Funktions-Situation und die Grafik auf S. 96 verwiesen.

Allerdings existieren diesbezüglich auch Ausnahmen, wie es das Beispiel des Rottweilers demonstriert. Dieser erweist sich als sehr stark vorhandlastig und besitzt zudem eine große und breite Brusttiefe, zeigt aber mit ca. 70 % in der Vorhand und nur 30 % in der Hinterhand eine andere Art der Kräfteverteilung. Ein hierzu gegenteiliges Exempel stellt der Windhund dar. Er ist ein schmal-, aber tiefbrüstiger Hund, der ein 50 % zu 50 %-Verhältnis von Statik und Dynamik präsentiert. Indes besteht beim Greyhound eine andere Verteilung, bei der die Vorhand etwa 65 % und die Hinterhand 35 % aufweist. Zwar sind hierbei die unterschiedlichen Rassen zu berücksichtigen, jedoch ist es ratsam, in die Prophylaxe der Arthrose immer die Faktoren von Statik und Dynamik mit einzubeziehen. Sollte nun etwa das Problem einer Entzündung im beispielsweise linken Ellenbogen auftreten oder eine Ellenbogendysplasie entstehen, so ist zunächst nur eine Fissur in diesem Knochenbereich sichtbar; in der Folge kommt es aber zuerst auf der rechten Schultergliedmaße, dann in der Hinterhand zu einer erhöhten Belastung. Dabei entsteht das typische Muster dieser Fehlbelastung: der Hund macht in der Vorhand kurze Schritte und vermeidet es schmerzbedingt, die Range of Motion, die Beweglichkeit im Ellenbogen, voll auszunutzen. Infolgedessen ist beim Hund ein trippelnder Gang in der Hinterhand mit aufgezogenem Rücken zu beobachten, was wiederum ein Anzeichen für diese Fehlbelastung darstellt. Wenn die Ellenbogendysplasie nicht erkannt wird, kommt es zur Entstehung einer erhöhten Belastung im Knorpel bzw. in diesem Falle im linken Ellenbogen. Darüber hinaus droht mittelfristig die Konsequenz eines Knorpelschadens. Neben Entzündungsreaktionen und Schmerzen in diesem Ellenbogen kann eine Reduktion der Beweglichkeit festgestellt werden. Das heißt, dass die Bewegung des Ellenbogens in Streck-Biegung, in Pro- und Supination, eine Verringerung erfährt. Gleichzeitig kommt es zu einer Muskelrückbildung (Atrophie). Bei einer Ellenbogenpathologie ist davon besonders der Supraspinatus-Muskel betroffen – also der Vordermuskel des Schulterblatts und damit der „Ellenbogenbeuger“ und

„Schulterheber" –, dessen Funktionalität durch die Entzündung und die Schmerzen im Ellenbogen reduziert wird.

Als generelle Folge kann oftmals eine Gewichtszunahme beobachtet werden, die wiederum in einen Teufelskreis mündet: Das zusätzliche Körpergewicht übt erneut vermehrten Druck auf den Knorpel aus, der weiteren Schaden im Knorpel anrichtet und dadurch die Entstehung einer Arthrose begünstigt. Das Versäumnis der Berücksichtigung all dieser Aspekte führt beim Hund nicht nur in der Hüfte zu Fehl- und Überlastungssituationen, sondern auch im Ellenbogen oder in der Schulter und birgt das hohe Risiko der Entwicklung einer Osteoarthrose.

Aus diesem Grunde ist es wichtig, junge Hunde in ihrem Wachstum zu kontrollieren und darauf zu achten, dass deren Beweglichkeit der Norm entspricht. Dies ist zugleich auch die wichtigste Prophylaxe gegen Osteoarthrose sowie Schmerzen. Letztere werden vom Hund in unterschiedlich, jedoch deutlich, artikuliert und manifestieren sich in abweichenden Verhaltensweisen. So mag sich etwa ein Hund bei Schmerzen eher zurückziehen, übermäßig ruhig oder gar apathisch wirken, während andere sich gegen die Leiden und die eingeschränkte Beweglichkeit mit erhöhter Aggressivität zur Wehr setzen und noch andere bewegen sich und laufen ohne Pause und versuchen sich so mit ihrer körperlichen Situation über das Unwohlbefinden hinwegzuhelfen. Also auch auffällige Hibbeligkeit kann ein Hinweis sein, denn insbesondere Hyperaktivität ist ein Verhaltensmuster, das sehr oft als Folge von Bewegungsschmerzen beobachtet werden kann. Im Hinblick auf Schmerzpatienten gilt es also, diese Zusammenhänge zu beachten, die Anomalien im Verhalten und in der Bewegung des Hundes zu studieren und nach den Ursachen zu suchen.

Die orthopädische manuelle Therapie der Biomechanik

In diesem Abschnitt sollen die Therapie sowie die Prophylaxe und Prävention von Schmerzpatienten im Fokus stehen, weshalb es auch relevant ist, sich in diesem Kontext mit dem Thema der Biomechanik auseinanderzusetzen.

Hierbei gilt, dass die anatomische Funktionsfähigkeit des Skelettsystems vorausgesetzt sein muss. Das Zusammenspiel der wirkenden Kräfte – vorne die Statik, hinten die Dynamik – erlaubt zum Zwecke einer besseren Vorstellung den Vergleich mit einem Auto: so ist etwa die Bewegung beim Hund wie ein Hecktriebler, bei dem die

Antriebsachse hinten verortet ist. Sobald sich der Hund wie ein Allrad bzw. ein SUV verhält – das heißt, dass ein Teil der Bewegung aus der Vorhand, der andere aus der Hinterhand stammt –, übernimmt die Vorhand die Kompensation aus der Hinterhand. Wenn die Bewegung allerdings aus der Vorhand kommt, ist dies nicht mehr physiologisch, entspricht also nicht mehr der Norm und ist deshalb als Kompensation zu werten. Ein wichtiges Symptom in der Bewegung diesbezüglich ist der Passgang.

Hieraus erschließt sich also, dass die Prävention der Bewegung immer die Erhaltung der Biomechanik darstellt. Darunter ist zu verstehen, dass Schulter wie Ellenbogen, aber auch Hüfte und Knie, ihren Aufgaben auf eine Weise zugeteilt sind, wie es die Anatomie beim Hund vorschreibt. Ist dies nicht der Fall, so muss die Therapie eines Problems darauf ausgerichtet sein, die Biomechanik wieder den anatomischen Grundvoraussetzungen anzupassen. Das heißt also, dass zum Beispiel im Hinblick auf die Hüfte deren Funktionalität bekannt sein muss oder dass diese eine solche Entwicklung nehmen kann. Dasselbe trifft auch auf das Knie zu, wobei es sich bei diesem um kein kongruentes Gelenk handelt, also der Ober- und Unterschenkel nicht aufeinanderpassen.

Dies ist auch der Grund für die Existenz von zwei Menisken. Die Menisken sind sogenannte Polsterelemente, die den Ober- und Unterschenkel miteinander verbinden. Hieraus ergibt sich auch das Vorhandensein zweier Kreuzbänder, die sich – wie der Name schon impliziert – kreuzen, also diagonal verlaufen und als vorderes sowie hinteres Kreuzband für die Stabilität im Kniegelenk sorgen. Hüft- und Kniegelenke ermöglichen eine geradlinige Grundvoraussetzung, während die Wirbelsäule sich wie die Kardanwelle beim Allradfahrzeug verhält. Allerdings ist dabei ersichtlich, dass die Vorhand tatsächlich allein als Stützfunktion dient und erst beim Auftreten von Problemen in der Hinterhand „zugeschaltet" wird, sodass ein sogenannter Pull-Move, eine gezogene Bewegung aus der Vorhand, entsteht. Diese Situation – dass also die Vorhand die Zuständigkeit für die Bewegung besitzt – ist auch für Laien augenfällig – vor allem dann, wenn die Ellenbogen klar sichtbar nach außen gedreht sind und sich dadurch eine O-Beinstellung in der Vordergliedmaße zeigt. Der Gang des Hundes erinnert dabei an „John Wayne" und ist als ein wichtiges Indiz dafür anzusehen, dass in einem solchen Fall die Vorhand Schub entwickelt, die Hinterhand jedoch zu wenig. Sehr auffällig ist dabei, dass beim Besteigen der Treppe der Hund, der beispielsweise unter einer Hüftgelenksarthrose leidet oder eine Veränderung in der Region aufweist, sich die Stufen hochzieht und vorne eine O-Beinstellung erkennen lässt. Demzufolge ist es ratsam, die diesbezügliche Prävention, aber auch die Therapie aus dem Blickwinkel der Biomechanik erfolgen zu lassen. Man muss als Hundebesitzer ein Auge für die Bewegung entwickeln, vor allem, wenn etwas nicht stimmt. Bei Auffälligkeiten sollte ein Orthopäde aufgesucht werden, der den Hund überprüfen kann.

Therapie mit PRP eines Kreuzbandrisses

Eine effiziente und erprobte Therapieoption bei orthopädischen Erkrankungen ist die PRP-Therapie oder besser die Eigenblut-Therapie.

PRP steht für plättchenreiches Plasma. Die Hauptaufgabe der Thrombozyten ist es, die Blutgerinnung zu ermöglichen. Das Blut besteht aus 55 % Plasma, 45 % roten Blutkörperchen und ungefähr 1 % weißen Blutkörperchen sowie Thrombozyten. Thrombozyten enthalten Hunderte von Proteinen, sogenannte Wachstumsfaktoren, welche für die Heilung von Verletzungen wichtig sind. Für die PRP-Therapie wird zunächst die Trennung dieser Thrombozyten und des Plasmas vom Rest des Blutes durchgeführt. Dies führt zu einer hohen Konzentration an Thrombozyten im Plasma und daher zu plättchenreichem Plasma.

PRP enthält körpereigene bioaktive Proteine, auch Wachstumsfaktoren genannt, um Gewebe zu ersetzen, zu reparieren und zu regenerieren. PRP wird verwendet, um Wachstumsfaktoren direkt auf den Schmerzbereich zu lenken. Bei Gewebeverletzung aggregieren Thrombozyten an der Verletzungsstelle und regen den Gerinnungszyklus an. Aktivierte Thrombozyten setzen eine große Anzahl von Wachstumsfaktoren frei, die direkt für die Geweberegeneration verantwortlich sind. Durch das Erhöhen der Thrombozytenkonzentration kann eine starke Mischung von Wachstumsfaktoren direkt an das verletzte Gewebe abgegeben werden. Auf diese Weise können wir den natürlichen Heilungsprozess des Körpers erheblich beschleunigen. Mit dieser Behandlung kann das Gewebe schneller, effizienter und vollständiger in einen gesunden Zustand versetzt werden

Indikationen:

- Arthritis
- Sportverletzungen
- Rücken- und Nackenschmerzen (Sacro-Ileitis condensans)
- Bandscheibenriss (Protrusionen mit foraminaler Beteiligung)
- M. iliopsoas Pathologie beim Hund
- M. gastrocnemius Pathologien

- Gelenkschmerzen
- Nervenverletzungen
- Arbeitsunfälle
- Karpaltunnelsyndrom
- Akute Verletzungen
- Verstauchungen und Kontraktionen der Muskeln und Bänder

Auswirkungen der PRP-Therapie:

- PRP erhöht das Selbstheilungspotenzial des Körpers. Es besteht kein Risiko für Nebenwirkungen, Infektionen oder Krankheitsübertragungen bei PRP, welches aus dem eigenen Blut hergestellt wird.
- Eine enorme Verbesserung der Symptome und der Bewegungserholung des Patienten ist zu beobachten.
- Die Ergebnisse zeigen, dass PRP eine wirksame und natürliche Alternative zur chirurgischen Operation ist.
- PRP kann die Notwendigkeit aggressiverer Behandlungen wie der Langzeitmedikation oder Operationen beseitigen.

Vorteile der PRP-Therapie:

- Verursacht keine allergischen Reaktionen
- Kein schädlicher Inhalt
- Kein Infektionsrisiko

Die PRP-Therapie ist in den meisten Fällen sehr effizient und kann vor allem ohne große Vorbereitung des Hundes in den Praxisalltag integriert werden.

VIDEO
Fall Skipper

Therapie mit ACS (orthokin oder IRAP)

Als vergleichbare Therapie wie die PRP-Therapie kann hier noch die ACS oder IRAP-Therapie erwähnt werden. Bei der ACS-Therapie handelt es sich um autologes konditioniertes Serum, das aus dem Patientenblut hergestellt wird. Dabei wird bei der Blutentnahme das Blut in speziellen Röhrchen entnommen, die durch eigens entwickelte Kügelchen bestückt sind. Das Blut wird über acht Stunden im Brutschrank inkubiert. Somit werden Interleukin Antagonisten (IL-1Ra) sowie diverse Wachstumsfaktoren im Blut des Patienten stimuliert und gewonnen. Diese werden im Serum stark konzentriert und können so wiederum in Gelenk, Muskelbauch oder Sehnen und Sehnenansatz injiziert werden. Das Serum ist zellenfrei und enthält keine Gerinnungsfaktoren. Zusätzlich wirkt es entzündungshemmend sowie chondroprotektiv (knorpelschützend). Durch den Mechanismus der ACS-Infiltration werden Entzündung und Schmerzen reduziert und die Regeneration des Gewebes stimuliert und erreicht. Gerade bei Patienten im Sport oder Arbeitseinsatz werden die Regeneration und Rehabilitation nachweislich verbessert und die Zeitachse für die Rehabilitation verkürzt.

Diese Therapie ist sehr effizient und wird nicht nur bei Hunden erfolgreich eingesetzt, sondern auch bei Pferden und Menschen. Bei Pferden sind es vor allem Hufgelenksentzündungen oder aber auch Fesselträgerprobleme. Dies entspricht den Bänderproblemen bei Hund und Menschen. Im Gegensatz zu der PRP-Therapie ist die ACS ein Plasmaprodukt, also ohne Zellen. Daher eignet sie sich auch bestens zur Infiltration in den Rücken bei Bandscheibenproblemen oder bei Spondylosen (Degeneration der Wirbelsäule). Im Gegensatz zur PRP-Therapie ist das Handling für die ACS-Therapie

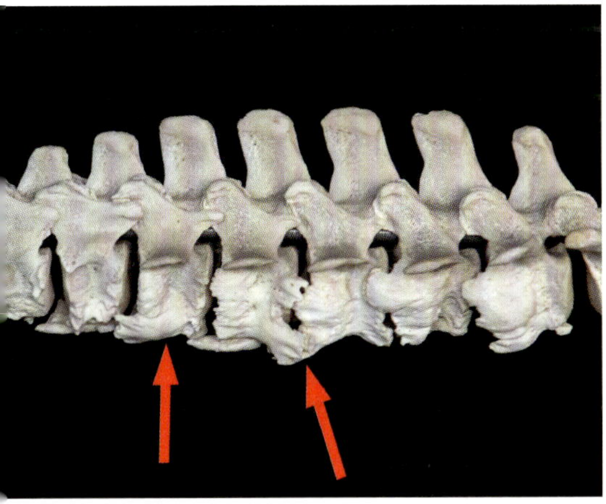

Spondylose der Wirbelsäule in der seitlichen Ansicht …

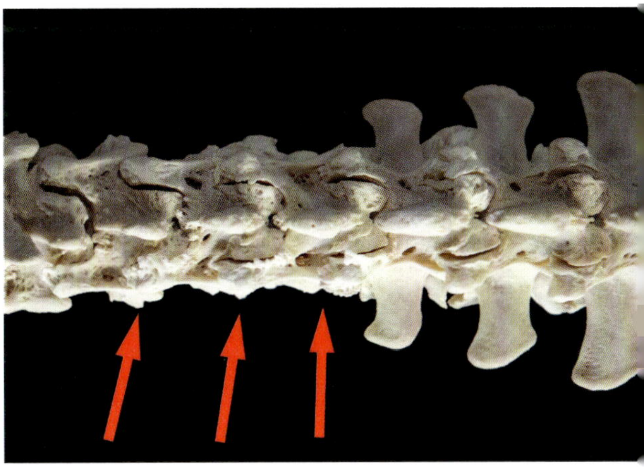

… und von oben in der Draufsicht.

aufwändiger. Das Blut braucht eine Inkubation von vier Stunden. Somit muss die Therapie optimal geplant werden, und wenn die Besitzer – wie dies in meiner Praxis häufig vorkommt – aus einer größeren Entfernung anreisen, sollten sie einen Aufenthalt mit Übernachtung einplanen, dann klappt es einwandfrei mit dieser Therapie. Vor allem bei Bandscheibenproblemen ist dies sehr wichtig. Oft werden Hunde mit Bandscheibenvorfällen operiert, die Schmerzen sind aber nicht weg. Hier sprechen wir von einem failed back Problem. Trotz OP bleiben Schmerzen oder Ausfälle bestehen. Gerade in diesen Fällen ist die ACS-Therapie sehr erfolgreich.

Therapie mit Polyacrylamid bei Hüft- und Ellenbogenarthrosen

Die konventionelle Therapie einer Osteoarthritis oder auch einer Osteoarthrose besteht darin, den Hund medikamentös zu unterstützen. Hierfür werden die sogenannten *Cyclooxygenasehemmer* oder auch *Prostaglandinsynthesehemmer* verwendet, indes auch Schmerzmittel wie etwa Novaminsulfon (Novalgin) oder Morphin-Präparate wie Tramadol verabreicht werden. Als eine weitere Option sind die *Corticosteroide* zu nennen, die allerdings bei einem Gelenkproblem nie a priori herangezogen werden sollten, da sie eine Zerstörung des Gelenkknorpels herbeiführen können. Obschon die Injektion bzw. die intraartikuläre Injektion (Injektion ins Gelenk) von Hyaluronsäure eine zusätzliche Therapiemöglichkeit darstellt, zeigt sie oftmals nur wenig Wirksamkeit, weil sie die Entzündlichkeit nur minimal zu verringern imstande ist und diese muss regelmäßig wiederholt werden, was ein Risiko für eine Gelenksinfektion darstellen kann.

Ferner bietet es sich an, sich bei der Behandlung der Osteoarthritis für eine PRP- oder die ACS-Therapie zu entscheiden, welche bereits näher erläutert wurde. In diesem Sinne kann die Therapie mit Polyacrylamid in Erwägung gezogen werden, da sich dieses in den Wasseraustausch in der Synovialmembran integriert und insbesondere länger im Gelenk verbleibt. Beim Pferd oder beim Menschen kann dies bis zu zehn Jahre anhalten. Hunde hingegen, die sehr gut auf das Medikament ansprechen, können mit seiner Hilfe für zwölf bis vierundzwanzig Monate lahmfrei bleiben, wobei eine längere Möglichkeit selbstredend erwünscht ist. Oftmals wird durch die Reduktion der Entzündung auch der Abbau des Gelenkknorpels gestoppt, wodurch eine generelle Verringerung der Entzündung erreicht werden kann.

Osteoarthritis ist eine der maßgebendensten Skelettalerkrankungen beim Hund, die auch bei Menschen und Pferden ein häufig anzutreffendes Leiden darstellt. Ihre Entstehung kann in unterschiedlichen Stadien erfolgen, wie etwa beim jungen Hund während des Wachstums oder beim Hund und mittleren und fortgeschrittenen Alters. Während beim jungen Hund zumeist entzündliche Prozesse vorliegen und damit eher eine Osteoarthritis attestiert wird, lassen sich bei älteren Hunden häufig Arthrosen feststellen, die sekundär entzündet sind. Es gilt zu beachten, dass die Osteoarthritis in den meisten Fällen als entzündlicher Prozess im Gelenk entsteht. Dies geschieht vor allem bei den Synovialzellen, welche die Gelenkskapsel bilden, sowie im Bereich des Knorpels auf der Gleitfläche dieses Gelenkes. Wenn dieser Prozess bereits länger andauert, wird Druck auf den betroffenen Knorpel ausgeübt. Es können sich Eindellungen bilden sowie Vertiefungen und Rückbildungen im Knorpel entstehen, bis die Entzündung dann den Knochen erreicht. Dieser Umstand wird als Sklerose bzw. Skleritis bezeichnet. Die Therapie mit dem Polyacrylamid soll nun dabei helfen, einerseits die Entzündung im Gelenk, in diesen Synovialzotten, zu reduzieren und andererseits Wasser und Polyacryl einzulagern, um die Entzündlichkeit im intraartikulären Bereich zu mildern. Die Regeneration von Knorpelschäden ist ein anderer Aspekt, der in Maßen ebenfalls stattfinden kann und sollte.

VIDEO
Fall Clifford

Librela – der Heilsbringer bei der Arthrose beim Hund?

Die Injektionstherapie mit Bednivetmabum oder besser mit Librela® ist heute sehr weit verbreitet in der Therapie bei Arthrosen beim Hund. Diese wirkt relativ gut, hat aber trotzdem Einschränkungen, vor allem dann, wenn die Biomechanik und die Biomechatronik nicht erfüllt sind. Dies haben wir bereits genügend in diesem Buch besprochen. In dieser Video-Sequenz können Sie ebenfalls einen Fall aus der Praxis sehen, es ist ein eineinhalb Jahre alter Flat Coated Retriver mit Hinken vorne rechts seit Herbst 2022, der bei mir vorgestellt wurde. Die bereits degenerativen Veränderungen in beiden Ellenbogengelenken sind schon deutlich vorhanden: Zuerst wurde die Biomechanik der Ellenbogengelenke sowie Funktion der Schultergliedmaße behandelt und in einem zweiten Schritt konnte die Osteoarthritis in beiden Ellenbogengelenken behandelt werden. Bitte sehen Sie die Kraftvektoren vor Behandlung (hellblau) und nach der orthopädischen manuellen kinematisch kontrollieren Behandlung (dunkelblau).

VIDEO
Fall Max

Zusammenfassung der Therapiemöglichkeiten

Sie haben gesehen, dass das Thema Schmerzen und Verhalten sehr komplex ist und es sehr viel Erfahrung braucht, um einen potenziellen Schmerzpatienten im Zusammenhang mit Verhaltensauffälligkeiten richtig zu diagnostizieren. Oft wird der Tatsache Schmerz nicht den richtigen Stellenwert gegeben, da der Hund die Signale verbirgt und ein stiller Leider ist. Dies kann dann fatale Konsequenzen haben.

Gerade hatte ich einen Pateinten in der Praxis, der ebenfalls von Katrien Lismont an mich überwiesen wurde. Dieser Hund zeigte wesentliche Verhaltensveränderungen, Gangbild- und Fellveränderungen und generell einen schlappen Eindruck. Bei der orthopädischen Untersuchung fielen vor allem die Reaktionen in der Cauda equina auf und die ungleiche Beckenmuskelmasse links und rechts.

Aus der Anamnese ging hervor, dass der Hund im Vorfeld sieben Monate lang mit Psychopharmaka behandelt worden war, ohne dass sich Verhalten und Wesen verändert hätten. Nach sieben Monaten wurde auf Gabapentin gewechselt, was den Hund bezüglich Ansprechbarkeit und Interaktion mit der Umwelt verbessern ließ. Da Gabapentin eine Entwicklung mit sich brachte, wurde aber leider nicht auf die Indikation von Gabapentin reagiert. Somit wurde die mögliche Schmerzkomponente von der Verhaltenstierärztin missachtet. Es dauerte nochmals sieben Monate, also insgesamt 14 Monate, bis bei diesem Hund die Schmerzkomponente diagnostiziert wurde. Die radiologische Untersuchung brachte einen asymmetrischen Übergangswirbel zu Tage, der die klinischen Symptome kausal erklären konnte. Die eingeleitete orthopädische, manuelle, kinematisch kontrollierte Therapie zeigt sofort Wirkung. Der Hund hat aktuell eine sehr gute Lebensqualität und kann aktiv und freudig am Leben teilnehmen und ist auch für die Besitzer nun sehr gut handelbar.

11. Training, Beschäftigung, Selbsthilfe

Neben den aufgelisteten äußerlichen Zeichen und Verhaltensweisen, die ich in nun zwanzig Jahren Verhaltenstraining bei vielen Hunden mit auffälligem Verhalten beobachten konnte, erwarten Sie mit Sicherheit und zurecht auch einige Ratschläge hinsichtlich des angemessenen Umgangs mit Ihrem Hund, wenn er Schmerzen hat. Es ist eben ganz wichtig, Ihre Aktivitäten, Sportarten und Trainingsanforderungen, aber auch Gassistrecken auf die Befindlichkeiten Ihres Hundes auszurichten. Es tut mir so leid, wenn Hundehalter mit den allerbesten Absichten zu mir ins Training kommen, um das Verhalten ihres Hundes so zu trainieren, dass es für ihren Alltag mit dem Vierbeiner schön und freudig wird und ich so oft, ja fast jedes einzelne Mal, den Kopf schütteln muss über die mir unverständliche Techniken, die bereits bei diesem Hund angewandt wurden, damit er sich zufrieden, unauffällig und leise in den Alltag seiner Menschen einfügen soll.

So hilft es in meinen Augen mit Sicherheit nicht, den jungen, potenten Rüden, der Probleme mit der räumlichen Trennung von seinem Frauchen hat, im Garten anzubinden, während Frauchen ihrer Gartenarbeit nachgeht, um seine Impulskontrolle zu üben. Ebenso wenig hilft es meiner Meinung nach, den Zugang zum kompletten Haus zu verbieten, damit er sich draußen in der Umgebung weniger territorial verhält. Aber genauso unbegreiflich bleibt es für mich, wenn man versucht, Hunden die „Freude“ an fremden Menschen oder anderen Hunden nahezubringen, indem man sie ins Mantrailing oder Pettrailing mitnimmt.

Ich habe verstanden, dass, je weiter die Ideen und Gedanken hergeholt sind, desto verzweifelter an einem Symptomverhalten gearbeitet wird – an einem Verhalten, das der Hund sich zugelegt hat, um mit seinem körperlichen Unwohlbefinden zurecht zu kommen.

Wenn man es aus dieser Warte betrachtet, leuchtet es ein, dass der Trainingserfolg gering ist oder gar ausbleibt und manchmal sogar darin endet, dass das Verhalten und die Vertrauenssituation zwischen Hund und Halter schlimmer wurde. Einschränken, Forcieren, Schönfüttern, Abverlangen, Vorenthalten und Zurückstufen. Wenn es nach Rangordnungstraining riecht, ist es das auch, und es wirft so ein total falsches Bild auf die Situation und die Bedürfnisse des Hundes. Ebenfalls helfen die vermenschlichenden Etiketten, die auf den Hund geklebt werden, nicht. Höchstens wird er so zum bösen Kind heruntergestuft und auch entsprechend erzogen. Wenn die Hundehalter dann verstehen, was die Ursache für das Verhalten ist, kommen die Schuldgefühle und oftmals auch Tränen. Aber das ist in diesem Fall wirklich nicht hilfreich noch notwendig, und sicherlich in keiner Weise meine Absicht, denn sobald die Einsicht da ist, weiß ich, dass der Weg in die richtige Richtung läuft. Und damit die Einsicht schneller kommen kann, haben wir dieses Buch geschrieben – eben, um die Hunde zu verstehen.

Was können Sie selbst tun?

Selbstverständlich hilft – egal bei welchem Tier – ein gewaltfreier Umgang um Welten weiter als ein Umgang, der übergriffig, körperlich, einschränkend oder fahrig ist. Gerade wenn sich die Hunde nicht sicher im Körper fühlen, brauchen sie mehr Zeit und Raum und eine klarere Kommunikation mit Absichten, die sie verstehen und einordnen können.

Es ist verständlich, dass Sie nicht gerne etwas tun, was ihnen womöglich Schmerzen verursachen wird. Dennoch gibt es manche unangenehmen Situationen, die sich nicht vermeiden lassen: Krallen schneiden, Ohren putzen, Zecken entfernen, physiotherapeutische Behandlungen und auch das Abtasten und Betätigen von Triggerpunkten oder Verabreichen von Injektionen und Tabletten sind gerade bei Hunden mit körperlichen Themen unvermeidbar. Medical Training und Maulkorbtraining sollten Priorität Nummer Eins sein, denn jeder Monat, in dem es dem Hund nicht gut geht und wir ihn (noch) nicht dem Tierarzt vorstellen können, ist ungefähr gleichzustellen mit sieben Monaten aus einem Menschenleben. Jedes Jahr entsprechend mit sechs bis sieben Menschenjahren.

Neben schönen und entspannenden Spaziergängen mit einigen leichten Übungen und Beschäftigungen wie zum Beispiel Suchaufgaben sollte man daran arbeiten, dass der Hund behandelt und untersucht werden kann.

Bei der freien Suche kann sich der Hund mit Kopf und Körper ausleben - und vor allem in lockeren und freien Bewegungen.

Die Suchaufgaben schicken Ihren Hund in seine eigene Welt, eine die er beherrscht wie kein anderer. Die intrinsische Belohnung führt zum Ausschütten von guten Hormonen und so zaubern wir mit der ganzen Suchtätigkeit einige Qualitätsmomente als Gegengewicht zu seinem Dauerstress. Die Suchaufgabe kann man noch mit einem herausfordernden Gelände kombinieren, zum Beispiel Suchen auf einer steilen Böschung, sodass der Hund ganz bewusst und langsam auch diese Herausforderungen überwinden kann.

Tellington TTouch® ist eine wunderbare Methode, um dem Hund mehr Sicherheit und Achtsamkeit im eigenen Körper zu verleihen und durch sanfte Berührungen auf Untersuchungen vorzubereiten.

Sie können als Hundehalter auch lernen, Ihrem Hund Massagen zu geben. Dazu gibt es mehrere Online-Ausbildungen und Bücher und es wird ihm auf jeden Fall etwas Gutes bieten. Ein Element aus der Tellington TTouch® Methode, das ich nie unversucht lasse, ist das Körperband: es verleiht dem Hund mehr Körpergefühl und kann entspannend wirken. Desweiteren führen die auf dem Boden liegenden Figuren in der Bodenarbeit dazu, dass Ihr Hund sich bewusster und behutsamer bewegt und auf diese Weise mehr Wissen über seinen Körper, über Raum und über Zeit bekommt.

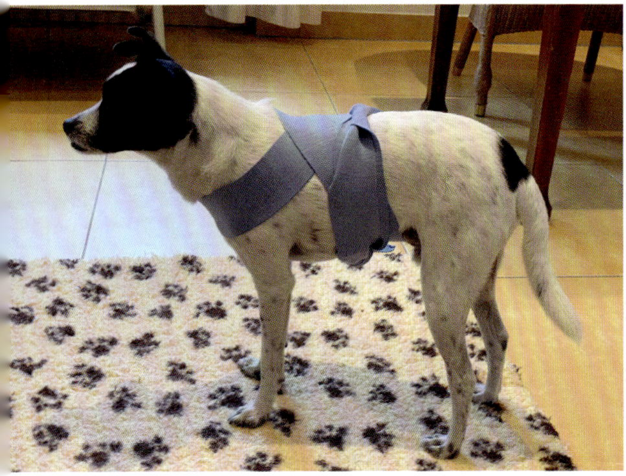

Dieser Hund zeigte sehr viel Bellverhalten an vielen Auslösern. Das Bild der ersten TTouch Sitzung am 19. Februar 2021.

Eine Woche später, am 26. Februar, präsentierte er sich gefasster und auch seine Haltung war symmetrischer.

Ich finde es auch wichtig, dass ein Medical Training nicht erst nach sechs Monaten Früchte abwirft, sondern man sollte alles daransetzen, dass der Hund in wenigen Tagen, maximal Wochen so weit ist, dass man ihm helfen lassen kann. Es ist mir völlig klar, dass die Selbstwirksamkeit unter dem Zeitdruck etwas leiden könnte, aber in meinen Augen ist es für viele Hunde wichtiger, schnell Linderung zu erhalten, denn dann fallen so viele Verhaltensthemen von allein weg.

Schauen Sie zu, dass Ihr Hund leichtes Basisverhalten gut anbieten kann: zu meinem Medical Training gehört auch, dass der Hund auf den Tisch gehoben werden kann (manchmal geht es nicht anders), sich auf Signal hinsetzen oder hinlegen kann und sogar vollständig auf der Seite liegen bleiben kann. Praktisch ist es auch, wenn er sich mit einem Handtouch ausrichten lässt, stillhalten und sich anfassen lassen kann und man dafür nicht ganz so viel Zeit braucht. Bedenken Sie, dass der Job vom Therapeuten ist, Ihrem Tier mit seinem Wissen zu helfen, und in den meisten Praxen ist der Ablauf getaktet. Je weniger Ihr Hund mitarbeiten kann, desto mehr Hände werden hinzugezogen, ihn festzuhalten. Ideal ist es, wenn Sie als Bezugsperson reichen, um die Behandlung zu ermöglichen.

Vergessen Sie bei all den Aufgaben nicht, dass das Training leicht bleiben sollte und den Hund nicht täglich überfordern sollte. Kleine Einheiten von fünf bis maximal zehn Minuten sind ergiebiger als längere und werden bei dem Hund in jeder Pause das Verlangen nach mehr erwecken. Sie können es auch so organisieren, dass Sie fünfzehn bis zwanzig Leckerchen in die Tasche stecken, und aufhören, wenn diese alle sind. Dann haben Sie bereits genauso viele Wiederholungen mit Ihrem Hund geübt.

Gute Wiederholungen mit einer tollen Belohnung sind Einzahlungen auf das Konto des jeweiligen Verhaltens. Auch wenn Sie vielleicht in der gleichen Sitzung das Resultat noch nicht so deutlich wahrnehmen können, werden Sie bei der nächsten Sitzung mit Freude erkennen können, dass Sie beide vorwärtsgekommen sind. Wenn das nicht der Fall ist, muss man an einigen Schräubchen drehen: Kleinere Schritte, bessere Belohnung, anfangs reizarme Umgebung, die Positionierung und Ihre eigene Gestik und Haltung, Ihre Lockerheit und Freude am Training, Pausen. Manchmal ist es gerade richtig, einen Schritt zurückzugehen.

Langsames Training in der Bodenarbeit, entweder mit oder ohne Leine, zeigen dem Hund, wo seine körperlichen Grenzen liegen und lassen ihn mehr Möglichkeiten entdecken. Es ist eine gute Hilfe, dem Hund ruhige und überlegte Bewegungsabläufe zu ermöglichen. Wenn Sie dies im Freilauf mit der Leckerchensuche in den Figuren kombinieren, schlagen Sie zwei Fliegen mit einer Klappe und geben dem Hund eine ruhige und zufriedenstellende Tätigkeit.

Auch das B.A.T.-Training (Behavior Adjustment Training) ist eine sanfte und respektvolle Methode, um zu lernen, ruhig und gelassen mit auftretenden Auslösern umzugehen. Es verleiht dem Hund viel Selbstwirksamkeit, Zeit und Raum und kann tatsächlich auch einen Hund mit Problemen in Körper weiterbringen, wenn es um Leinenreaktivität geht.

Das B.A.T.-Training, um Begegnungen selbstwirksam zu gestalten, ist für alle reaktiven Hunde ein Trumpf.

Was hilft wahrscheinlich nicht?

Es ist wenig hilfreich, gegen den Strom zu schwimmen, auch beim Verhaltenstraining. Damit meine ich, genau all das abzuverlangen und zu trainieren, was dem Hund bisher deutlich schwergefallen ist.

Es hat einen Grund, warum das, was Ihr Hund gerade mal im Wohnzimmer kann, vor der Haustür bereits kompliziert wird. Selbstverständlich kann es an der Qualität des Trainings liegen oder an der Gestaltung des Alltags oder am Stress. Dennoch habe ich erfahren, wie erstaunlich gut Hunde verstehen, was wir von ihnen wollen. Es ist einfach wichtig, bei Hunden, die ein Schmerzproblem haben, erst einmal die Erwartungen herunterzuschrauben und sich die Zeit zu geben, in kleinen Schritten weiterzukommen. Der Hund hat sich das Problem nicht ausgesucht und er ist völlig von uns abhängig, ob für sein Problem eine Lösung gefunden wird oder nicht. Wenn wir ihm nicht helfen, muss er einen Weg finden, damit umgehen zu können, und das ist meistens Verhalten, das nicht in unserem Kram passt.

Konfrontationstraining, nahen Kontakt mit Auslösern und Freilauf mit Maulkorb zwischen anderen Hunden sind für einen Hund mit Schmerzen im Körper die Hölle und werden ihn emotional tiefer in seine Angst und Unsicherheit drücken. Wasser spritzen auf einen reaktiven Hund addiert nur mehr zum Stress und zur Angst und außerdem bekommt er jetzt zusätzlich Angst vor Ihnen.

Wenn Sie irgendwie das Gefühl haben, Sie kommen trotz vielem und verständnisvollem Training nicht weiter, ist es die allerbeste Idee, erst einmal den Hund auf Schmerzen abchecken zu lassen.

In diesem Buch haben Sie eine Fülle an Ideen, Informationen und Anstößen erhalten, um dem nachzugehen. Versuchen Sie nicht, an einem oder mehreren Symptomverhalten zu trainieren oder schlimmer noch, sich darauf zu fokussieren. Schauen Sie sich immer den ganzen Hund an, was kann er, was geht gut, in welchen Bereichen ist er völlig unproblematisch. Und finden Sie, eventuell mit Ihrem Trainer heraus, welche Bereiche im Alltag für ihn schwer sind, warum, wann, wie oft, wie stark.

Kurzum – suchen Sie sich jemand, der die Verhaltensanalyse gut beherrscht, bevor er sich mit Ihnen ans Training macht. Für mich ist es mittlerweile völlig ausgeschlossen, aus welchem Grund auch immer einen Hund ins Training zu nehmen, von dem ich keine Verhaltensanalyse gemacht habe. Das ist ein Prozess, der insgesamt mindestens drei Stunden dauert – und das ist es absolut wert.

Ich habe im Kapitel 9 absichtlich die Verhaltensweisen aufgelistet, die einen Hund zeigen könnte, wenn er Schmerzen hat. Nochmals betone ich, dass man nicht bei jedem einzelnen beschriebenen Verhalten behaupten kann: wenn er buddelt, hat er Schmerzen oder wenn er leinenreaktiv ist, tut ihm etwas weh. Die Hunde zeigen uns meistens eine Häufung von Zeichen. Man muss sie beobachten und herausfinden, es ist ein Prozess der Achtsamkeit. Viele meiner Kunden sind sehr interessiert und engagiert bei der Erstberatung, denn bis dahin haben sie sich bereits mit meinem umfangreichen Fragebogen – und ihrem Hund – in der Tiefe auseinandergesetzt. Sie wurden quasi ein wenig dazu gezwungen, über bestimmte Themen achtsam nachzudenken. Das ist der erste Schritt in eine schmerzfreie Zukunft.

Jedes Training hilft, wenn es gewaltfrei und zwangsfrei ist. Und so oft staunen die Hundehalter, wie gut ihr Hund alles beherrscht, was vorher trainiert wurde, aber das er nicht leisten konnte aufgrund der Schmerzen. Sind die Schmerzen mal weg, ist das trainierte Verhalten absolut vorhanden. Sie sind ein Phänomen, unsere Hunde!

Natürlich wird auch einiges an Verhaltensweisen hartnäckig um sein Weiterbestehen kämpfen, denn was vorher zu Erleichterung oder Verstärkung geführt hat, wird nach der Schmerzbeseitigung nicht einfach verlernt. Das gilt es alles zu beobachten. Aber es ist erstaunlich, was eine Schmerztherapie manchmal innerhalb von Tagen bewegen kann.

Um es zusammenzufassen: Wenn Sie das Gefühl haben, Sie haben viele Baustellen, an denen Sie trainieren müssen und fangen allmählich an, ein Trainingsrepertoire zu haben, vor denen sich viele Trainer und Hundehalter verneigen, dann trainieren Sie gegen etwas an. Nämlich gegen Schmerzen. So viele Kundinnen sind erleichtert, wenn ich ihnen nach der Erstberatung empfehle, einen Gang herunterzuschalten, etwas langweiligere, aber spaßvolle Spaziergänge zu machen, weniger verbissen an bestimmten Verhaltensthemen wie zum Beispiel Impulskontrolle oder Autofahren zu trainieren, den Fokus zu verändern und erst einmal vordergründig das Wohlbefinden zu ihres Hundes zu verbessern.

Ein wichtiges Element im Verhaltenstraining von stress- und schmerzgeplagten Hunden ist der Ausgleich durch spaßbringende Aktivitäten in angemessenem Maße.

Das kann selbstverständlich neben dem Bewegungsapparat auch das Verdauungssystem und die Ernährung sein. Es ist manchmal ein Wunder, wie schnell unsere Hunde auf gute und angemessene Impulse reagieren, körperlich, mental und emotional.

Wenn Sie sich dabei ertappen, immer mehr Beschäftigungsmöglichkeiten für Ihren Hund zu suchen, wie zum Beispiel Zughundesport für den hibbeligen schnellen Hund, und zwei oder drei Hundetrainingstermine im Wochenkalender haben, dann stimmt etwas nicht. Überlegen Sie sich, was es für das Bewegungsapparat Ihres Hundes bedeutet, wenn Sie darauf bedacht sind, seinen Körper, der Schmerzen hat, immer mehr müde machen zu wollen. Es geht nach hinten los, und zwar gewaltig. Weniger ist hier tatsächlich mehr.

Generalisieren – in kleinen Schritten

Ein Trainingsaspekt, der gern verkürzt oder teleskopiert wird, ist der Generalisierungsprozess. Das bedeutet, dass der Hund neues Verhalten oder Übungen erst einmal in reizarmer Umgebung lernen können muss, bevor er es in „echten" Momenten umsetzen kann. In dieser Hinsicht höre ich so oft, dass bestimmte Hunde im Gruppentraining völlig überfordert sind, ihre Personen entsprechend auch, der Trainer meistens genauso. Die Hundehalter bekommen das Gefühl, dass es an ihnen liegen muss, und niemand sucht die Ursache im Stress des Gruppentrainings.

Hunde, die sich nicht wohl fühlen, können in Gruppen oder reizender Umgebung kaum oder nichts leisten. Aber es gibt auch Hunde, die sonst keine Probleme haben und dennoch in Gruppenstunden nicht kooperieren können. Hunde brauchen zum Lernen eine Umgebung, in der nichts oder wenig ablenkt, und können dann nach und nach und in kleinen Schritten das Gelernte in neuen Umgebungen anbieten. Das ist für Hunde mit Problemen im Körper nochmal ausgeprägter, denn diese Hunde brauchen generell mehr Zeit und Raum, um mit der Umgebung klarzukommen.

Spaziergänge an der Leine, bei denen die Teams ihre eigene Distanz regeln können, bieten unübertroffene Lernmomente.

Was nicht funktioniert, ist, mit einem ängstlichen Hund eine Stunde am Parkplatz von Supermarkt herumzustehen und ihn von Vorbeigängern streicheln zu lassen. Zeit und Raum und in kleinen Schritten zur Generalisierung. Sie werden schneller vorankommen, als wenn Sie das Ganze mit dem Hintergedanken „Das muss er lernen, da muss er durch“ forcieren. Für das Generalisieren von beispielsweise Leinenreaktivität empfehle ich gern Social Walks, das sind Spaziergänge in kleinen Gruppen, bei denen Hund und Halter ihre eigene Wohlfühldistanz wählen können. Auch wenn diese anfangs vielleicht etwas groß ausfällt, am Ende des Spaziergangs sieht alles anders aus, und alle Beteiligten sind glücklich über die stress- und ereignisfreie Stunde.

Beschäftigungsmöglichkeiten für Kopf und Körper

Hunde, die im Skelett und im Bewegungsapparat Themen haben, und das sind nun mal die häufigsten Schmerzursachen, brauchen Bewegung in angemessenem Maße. Man sollte das Tempo anpassen, und nicht nur reine Spaziergänge machen, bei denen stramm marschiert wird.

Bewegung ist wichtig und Pausen und kleinere Suchaufgaben sind wundervolle und wohltuende Unterbrechungen. Wenn Ihr Hund ab der zweiten Hälfte des Spaziergangs aufgeregter wird oder sich hinsetzt oder hinlegt, dann können Sie daraus schließen, dass der Spaziergang für seinen aktuellen Zustand überfordernd ist. Sie brauchen deswegen nicht weniger Zeit mit ihm draußen zu verbringen, aber sicherlich wohl weniger Strecke zurückzulegen. Ob er nur an der Leine läuft, egal ob Führ- oder Schleppleine, macht einen Unterschied, denn das Gangbild an der Leine ist oftmals ein anderes als im Freilauf. Daher plädiere ich immer dafür, Ihrem Hund regelmäßig, eigentlich täglich, Freilauf zu ermöglichen. Das heißt natürlich nicht, dass Sie ihn dort laufen lassen, wo es wildreich ist oder es ein großes Verkehrsaufkommen gibt. Darüber hinaus sollte man vor dem Freilauf einiges an Aufmerksamkeits- und Abruftraining mit ihm durchführen. Sicherlich gibt es Hunde, bei denen das aufgrund ihrer körperlichen und geistigen Verfassung noch nicht geht. Versuchen Sie auf jeden Fall eine Möglichkeit zur freien Bewegung zu finden: auf einem Grundstück oder „gebunden“ durch aufregende Suchaufgaben – wie zum Beispiel eine spannende und bekannte Dreiecksübung- , denn da bewegen sich die Hunde genauso, wie es ihnen möglich ist, ohne Druck, ohne Zug und ohne Tempo, das von außen vorgegeben wird. Die Suchaufgaben machen Körper und Kopf angenehm müde und sehr zufrieden, ohne zu überfordern.

Schauen Sie auf dem Spaziergang, was ihm schwerfällt: eher steile Steigungen oder wenn es zu arg bergabwärts geht und passen Sie die Strecke erstmal an seine Möglichkeiten an. Achten Sie darauf, ob er vor Ihnen, neben oder hinter Ihnen läuft. Wenn er sich zurückfallen lässt, auch wenn es so aussieht, als ob er ganz vieles und wichtiges zu erschnüffeln hat, dann kann es sein, dass ihm Ihr Tempo zu hoch ist. In der Regel läuft ein Hund, der nicht überfordert ist, etwas vor Ihnen, an lockerer Leine. Hunde, die sehr vehement ziehen und krampfhaft vorwärtszukommen versuchen, haben oftmals ein Problem im Körper.

Sie sehen: Es ist nicht immer, wie es aussieht. Alles ist zu hinterfragen. Und wenn dieses Buch dazu beiträgt, dass Sie sich über die Verhaltensweisen Ihres Hundes Gedanken machen und es genauer beobachten, dann ist für mich persönlich ein Ziel erreicht.

Persönlich plädiere ich für lockere Gassirunden mit wenig Aufregung und Erregung, mit einigen Pausen, einigen Aufgaben und viel Erkunden. Alles andere wird Ihr Hund bis zur Schmerzfreiheit eben mit Verhalten quittieren, das auch Sie an Ihre Grenzen bringt.

VIDEO *Hund, der im Wald sucht:*

Leichte Dreiecksübung: VIDEO

Trotz seiner häufigen Konzentrationslücken kann sich Pepe mit Freude an einer Dreiecksübung beteiligen.

Schlusswort

Dieses Buch ist für mich nur möglich geworden durch das Training mit vielen Hunden, wenn sie für ihre Menschenfamilie zum Problem geworden sind. So oft höre ich: Sie sind unsere letzte Chance. Durch die vielen Jahre Erfahrung mit solchen Hunden – und die Fälle werden nicht leichter – und ebenfalls durch eine einschneidende Erfahrung mit meinem geliebten Ilios ist mir einiges klar geworden. Kein Hund kommt auf die Welt mit der Lebensaufgabe, es sich und seinem Umfeld schwer zu machen. Schwieriges Verhalten macht keinen Hund zufrieden oder glücklich, es ist ein Ausweg.

Ich bin allen Kunden und ihren Hunden, die mir ihr Vertrauen geschenkt haben, so dankbar, dass ich Intensivwoche für Intensivwoche immer neue Facetten entdecken konnte. Durch genaues Beobachten, zu trainieren, zu evaluieren, zu überdenken und ums Eck zu denken, bin ich Woche für Woche bereichert worden. Ich denke oft an diese Fälle.

Auch meine Hündin Daisy war vor vielen Jahren so ein Fall, über den ich oft denke: „Wenn ich damals schon gewusst hätte, ich hätte ihr helfen können“. Es sind Lernaufgaben, die wir dann beim diagnostizierten Schmerzpatienten Hutch gezielt und effektiv umsetzen konnten. Es sind die unschönen Seiten des Zusammenlebens mit Hund, aber es gehört dazu. Auch für Sie, lieber Hundehalter. Seien Sie nicht zu streng mit sich, denn man kann von Anfang an nicht alles wissen. Gerade wenn man mit einem Hund Tag für Tag zusammenlebt, sind die subtilen Zeichen nicht leicht zu erkennen.

Bei Hutch, unserer französischen Bulldogge mit mehrfachen Bandscheibenvorfällen und Verengungen des Wirbelkanals, konnten wir hingegen mit der Hilfe von Dr. Patrick Blättler-Monnier und unserer langjährigen Tierärztin vor Ort, Frau Dr. Heidi Kübler, noch einige Bonusjahre qualitätsvoll gestalten. Er wurde 14,5 Jahre alt und hat uns im November 2021 verlassen.

Ich hoffe inständig, mit diesem Buch dazu beitragen zu können, dass Hundeverhalten besser eingeschätzt und trainiert werden kann. Ich hoffe, es kommt ganz vielen Hunden zugute. Und meinen Lieblingen, für die es zu spät kommt: wir sehen uns wieder und dann weiß ich es besser.

Do the best you can until you know better.
Then when you know better, do better.

Maya Angelou

Daisy

Ilios

Hutch

Über die Autoren

Dr. med. vet. Patrick Blättler-Monnier führt die auf Orthopädie und Schmerzpatienten spezialisierte Hundepraxis orthovet in der Schweiz und ist Mitentwickler des Prophylaxe-Systems LupoMove®, mit dem Bewegung und Gewichtsentwicklung analysiert, kontrolliert und situationsgerecht geplant werden können, um Erkrankungen zu vermeiden.

Katrien Lismont ist Gründerin der Hundeschule DOGood® und seit zwanzig Jahren spezialisiert auf Verhaltenstraining, für das sie ihre eigene ganzheitliche Vorgehensweise entwickelt hat. Früh erkannte sie die Zusammenhänge zwischen Verhalten und Schmerzen und suchte daher die Zusammenarbeit mit spezialisierten Tierärzten, um nachhaltige Lösungen finden zu können. Sie ist Autorin mehrerer erfolgreicher Hundefachbücher.

Index

F

G

H

I

J

K

L

M

N

O

P

R

S

T

U

V

W

Z

Das könnte Sie auch interessieren:

Dr. Sandra Foltin

Black Dog

Depressionen und andere psychische Erkrankungen beim Hund

Ich hatte einen schwarzen Hund, sein Name war Depression", so beschrieb Winston Churchill seine immer wiederkehrenden „dunklen Perioden", in denen er sich wie gelähmt fühlte. Aber können auch Hunde Depressionen haben? Tatsächlich nicht nur das- sie teilen mit uns auch posttraumatische Belastungsstörungen, Zwangsstörungen, Süchte, generalisierte Angststörungen, ADHS, Burn-out und vieles mehr. Die Forschung dazu steht noch am Anfang, wozu dieses Buch erstmals einen Überblick liefert. Die Biologin, Psychologin und Hundeexpertin Dr. Sandra Foltin zeigt eindrucksvoll, wie die WHO-Definitionen für mentale Erkrankungen auch auf Hunde zutreffen und wie diese ihre Gesundheit und ihr emotionales Wohlbefinden beeinflussen. Auch für die Halter betroffener Hunde besteht oft erheblicher Leidensdruck, sodass ein besseres Verständnis dieser Erkrankungen sowohl dem Hund als auch dem Menschen zugutekommt. Hier finden Halter betroffener Hunde, aber auch Tierärzte und Verhaltenstherapeuten Ideen für Diagnosefindung und Lösungsansätze, die wirklich weiterhelfen. Enthält Videolinks zur Expertendiskussion konkreter Fallbeispiele im Gespräch mit Tierärztin, Verhaltenstherapeutin und Trainerin Maria Hense.

Hardcover, 168 Seiten, farbig
ISBN 978-3-95464-311-0

Sabine Zemla

Stress lass nach

Ein Handbuch für entspannte Hunde und ihre Menschen

Immer mehr Hunde haben Stress. Aber warum eigentlich, woran liegt es? Da es den einen Auslöser oder das eine Stressproblem nicht gibt, wirft dieses komplex angelegte Buch einen ganzheitlichen Blick auf gestresste Hunde und vernachlässigt dabei auch den Hundehalter nicht. Die Ursachen und teils massiven Folgen von Stress werden ebenso beschrieben wie die Einflüsse von Ernährung und Kastration auf unsere Hunde. Zudem informiert das Buch über Stresssymptome beim Hund, auf welchen Grundpfeilern eine Hund-Mensch-Beziehung stehen sollte und wie Stress und Verhalten zusammenspielen. Die Autorin, Hundephysiotherapeutin und Trainerin für stressbedingte Verhaltensauffälligkeiten, gibt Trainings- und Therapietipps gegen Stress und stellt Fälle aus der Praxis vor.

Das Buch verändert den Blick auf den eigenen Hund und dient als Türöffner für ein vertrauensvolles Miteinander. Hunden soll es die Sicherheit geben, die sie noch brauchen, um gelassener durchs Leben zu gehen. Hundehalter werden nach der Lektüre wissen, warum ihr Hund so tickt, wie er tickt – und vor allem, wie sie ihn und auch sich selbst in stressigen Zeiten unterstützen können.

Hardcover, 360 Seiten, farbig

ISBN 978-3-95464-296-0